たのしくできる
深層学習&深層強化学習による電子工作 TensorFlow編

牧野 浩二／西﨑 博光 ［著］

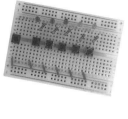

東京電機大学出版局

まえがき

　人工知能の起源は古く，1960年代に提案された脳細胞の神経モデルをコンピュータでシミュレートするところからはじまったといわれています。そして，これまでに2回の人工知能ブームがあり，今は第3次人工知能ブームになっているといわれています。これまでの2回のブームでは，生活に役立つ機能を持つ人工知能はあまり実現されませんでしたが，今回の第3次ブームでは，生活に役立つ機能が数多く実現されており，人工知能技術が生活の一部で活躍する世界が訪れつつあります。たとえば，レントゲンや内視鏡の画像から人間でも見落とすようなガンなどの病気を見つけ出したり，精度の高い自動翻訳が実現されたり，映画において俳優の顔を入れ替えたりなどがあります。また，囲碁や将棋などの対戦で人間より強くなったり，犬型のロボットが本物さながらに歩いたり走ったりといったこともその例にあたります。これらを支える技術の1つが深層学習・深層強化学習です。これらの例の多くはコンピュータの中だけで実現されていますが，ロボット犬のように実際に動くものに深層学習を利用するといったこともはじまっています。しかし，実際に手に持てるデバイスを使ってリアルタイムに深層学習を利用するといった観点で見ると，未開発の分野がたくさんあるように思います。

　本書は「深層学習・深層強化学習×電子工作」に焦点を当てたものとなっています。筆者らのこれまでの経験から，電子工作は得意だけれど深層学習・深層強化学習はよくわからないという方や，その逆の方が多く見られました。そして，そういった方々の中には，それぞれの分野を融合したいという声も多くありました。そこで，本書では電子工作の基礎や深層学習・深層強化学習の基礎から丁寧に説明をすることを心掛けました。そのため，電子工作が得意な方や深層学習・深層強化学習が得意な方にとっては簡単すぎる章もありますが，それぞれの分野に対して初学者の方への説明となっているためですので，ご理解いただけますと幸いです。

　本書のタイトルは「深層学習＆深層強化学習」となっています。深層

強化学習は深層学習の一部として扱われることが多くありますが，性質は異なるもので，当然ながら使い方（プログラミング）も異なります。まず，深層学習はすべての入力データに答え（教師ラベル）のある「教師あり学習」ですが，深層強化学習は入力に対して必ずしも答えが用意されているのではなく，望ましい（もしくは望ましくない）状態だけを設定しておくと自動的に学習が行われる「半教師あり学習」です。本書ではこの両方を電子工作で利用する方法を紹介しています。特に，深層強化学習はロボットへの応用が期待されており，電子工作と親和性の高い技術となっています。また，応用例は各章につき1つ書かれています。前後のつながりはありませんので，ご興味のある例からお読みください。本書が，深層学習×電子工作に興味を持つ皆様にとって有益な一冊となりましたら幸いです。

また，本書は，姉妹書であるChainer編を，TensorFlow編に修正した書籍となっており，例題の多くは同じものを使っています。これは，深層学習フレームワークであるChainerとTensorFlowによるコードの違いを比較していただくことで，Chainerからの移行をしやすくするとともに，TensorFlowの理解の手助けになることを期待しているためです。

本書の執筆にあたり，電子回路の試作と動作検証を行っていただいた太田健斗さんと杉浦東風さんに深く感謝いたします。また，筆者が所属する山梨大学工学部附属ものづくり教育実践センターおよびメカトロニクス工学科の教職員の方々，筆者らの所属している研究室の大学生・大学院生からもご支援いただきました。末筆ではありますが，東京電機大学出版局の吉田拓歩氏と荒井美智子氏のご尽力により完成しました。ご協力いただいたすべての皆様に今一度感謝の意を表します。

2021年3月

牧野浩二・西﨑博光

目　次

第4章　電子工作の準備をしよう

目次

第9章 深層学習でお札の分類 ―ディープニューラルネットワーク―

第10章 深層学習で画像認識 ―畳み込みニューラルネットワーク―

第11章　深層学習でジェスチャーを分類
―リカレントニューラルネットワーク―

第12章　深層強化学習で手順を学ぶ

第13章 深層強化学習でボールアンドビーム

Tips

目次

## 第1章

深層学習の準備をしよう

電子工作によって計測したデータを使って深層学習（ディープラーニングとも呼ばれます）を行ったり，深層学習で学習した結果を使って電子工作を動かしたりすることで，「**深層学習と現実の世界をつなぐ工作**」を行います。本書では Windows 搭載のパソコンと Arduino を連携させることで，モノを動かしていきます。

まずはじめに，深層学習とは何かについて簡単に説明します。そして，Windows パソコン上で深層学習を使うための準備を行い，サンプルプログラム*1 で確認を行います。いきなり難しいことをするのではなく，少しずつステップアップしていきましょう。

また，本書は Chainer 編を TensorFlow 編に修正（8章は新規に追加）してその解説を加えたものになります。本書において，Chainer 編の内容を一新せずに，Chainer 編に修正と追加を行ったのは，

- 電子工作を用いた深層学習と深層強化学習を学ぶとき，本書の例題は内容が直感的に伝わると判断したこと
- 同じ課題にすることで Chainer と TensorFlow を使った2つのスクリプトの対比ができるため，Chainer からの移行の支援になることが期待できること

によるものです。Chainer 編と TensorFlow 編のどちらのプログラムも東京電機大学出版局のホームページからダウンロードできるようになっています。見比べながらその違いを学ぶことにもご活用いただけると幸いです。

*1 本書では Arduino のプログラムと Python のプログラムを作ります。区別しやすくするために Arduino のプログラムを「スケッチ」，Python のプログラムを「スクリプト」と呼びます。また，両方を示すときはプログラムと呼ぶこととします。

1.1 深層学習とは

深層学習によってさまざまなことができるようになってきました。たとえば，画像の認識率が人間を超えた，小説を書いた，将棋や囲碁が人間より強くなったなど，いろいろなニュースが出てきています。

実は深層学習は，ニューラルネットワークと呼ばれる，30年以上も前に開発された手法の発展版です。さらに，ニューラルネットワークのもととなったパーセプトロンまでさかのぼると50年近く前から研究されている手法です。この深層学習の歴史を図1.1にまとめておきます。

深層学習はニューラルネットワークから発展したものだけでなく，図

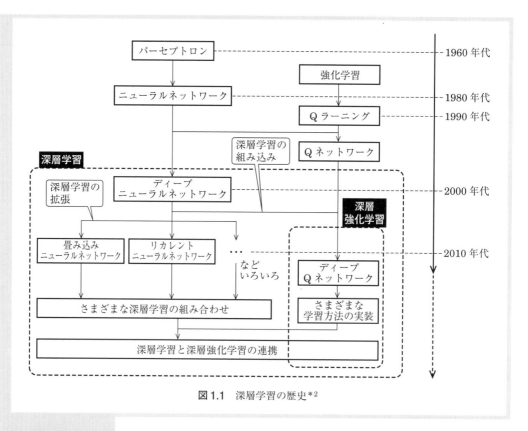

図1.1　深層学習の歴史*2

＊2　この図ではニューラルネットワークを多層（2層以上）にしたものをディープニューラルネットワークと呼ぶことにしています。これは，皆様がイメージしやすくするためにあえて少し古い呼び方を用いています。最近は，ニューラルネットワークを多層としたシンプルな構造のものが使われることはほぼなくなりました。ディープニューラルネットワークという名前は，多層にしたニューラルネットワーク，畳み込みニューラルネットワーク，リカレントニューラルネットワークなど深層学習として発展してきたネットワーク全体を示す言葉となっています。

1.1 に示すように強化学習から発展したものの 2 種類があります。強化学習に深層学習が組み込まれたものは，深層学習と区別して**深層強化学習**と呼ばれます。また，深層学習にはいくつかの種類（畳み込みニューラルネットワーク，リカレントニューラルネットワークなど）があり，それらを組み合わせたさまざまな深層学習も提案されています。さらに，深層学習と深層強化学習を組み合わせた学習手法も考えられています。

　深層学習と深層強化学習は似ていますが，学習の仕方が違います。深層学習は学習するときに多くの場合，データとその答え（ラベル）がセットになったものを使って学習します。これは**教師あり学習**と呼ばれる学習方法です。深層学習は画像認識や小説を書くことなどに利用されています。一方，深層強化学習は良い状態と悪い状態を決めておくだけで後は自動的に学習します。これは**半教師あり学習**と呼ばれています。深層強化学習は将棋や囲碁などのように勝ち負けははっきりしているけれども，途中はどちらがよいのかはっきりしない問題に利用されています。本書では，深層学習を使った電子工作と深層強化学習を利用した電子工作の両方を扱います。

　深層学習や深層強化学習のスクリプトをはじめから書くことは非常に難しいのですが，さまざまな企業から無料で公開されている深層学習や深層強化学習用のライブラリやフレームワークがあります。これを使う

と初学者でも比較的簡単に深層学習を使うことができます。

　ここで，フレームワークの紹介を行います。数年前は，Microsoft の Microsoft Cognitive Toolkit（CNTK）やカリフォルニア大学バークレー校の Caffe，モントリオール大学の Theano，Preferred Networks の Chainer などさまざまなフレームワークが開発されていましたが，近年は Google の TensorFlow と Facebook の PyTorch の 2 大勢力となっている感があります。特に，『たのしくできる深層学習＆深層強化学習による電子工作 Chainer 編』で扱った Chainer は日本の会社が開発していたフレームワークであり日本国内にユーザーが多くいましたが，開発が終了し，PyTorch へ移行することが 2019 年末に発表されました。

　筆者が実際に使ってみた感想となりますが，Chainer と TensorFlow を比較したとき，深層学習は TensorFlow の方が書きやすく，しかも理解しやすく感じました。一方，深層強化学習は Chainer の方が実装されている機能が多くあると感じました。深層強化学習はこれから伸びていく分野であることが予想されるため，TensorFlow でも今後は機能が充実してくると考えています。書きやすさとわかりやすさを勘案し，本書では TensorFlow を使うこととしました。

　TensorFlow は Python で使うことが前提となっています[3]。公式には Ubuntu，macOS，Windows，Raspberry Pi での動作を想定しています。特に，Windows はコマンドプロンプトでの実行を想定しています。筆者がいくつかのパソコンで試したところ，CPU の種類によってはコマンドプロンプトからの実行はうまくいかない場合がありました。そこで，本書では Windows に Anaconda をインストールして TensorFlow を使う方法を紹介します。公式ホームページで説明されている方法で実行したい場合はこちら（https://www.tensorflow.org/）を参照してください。

*3　TensorFlow に限らず多くの深層学習のためのライブラリやフレームワークは Python 用として提供されています。

1.2　Anaconda のインストール

　TensorFlow の公式ホームページでは Anaconda を使った方法は紹介されていませんが，この方法が Windows へのインストール時に不具合が少ないことを確認しています。そのため，本書では Anaconda というソフトウェアを使います。このソフトウェアは無料です。まずはソフトウェアのインストールを行います。

　Anaconda のホームページ（https://anaconda.org/）を開くと図 1.2 が表示されますので，「Download Anaconda」をクリックします。

図1.2　Anaconda の公式ホームページ（トップページ）

　少し下にページを送ると，図1.3のような画面が出てきます。
Python 3.8 version の「Download」をクリックします。

図1.3　Anaconda の公式ホームページ（バージョンの選択）

　ダウンロードしたファイル（Anaconda3-2020.11-Windows-x86_64.
exe *4）をダブルクリックすると図1.4のようなダイアログが現れてイ
ンストールがはじまります。

*4　2020.02は執筆時
のバージョンですので，異
なる場合があります。

図1.4 Anaconda のインストール

その後, 以下の順で設定することでインストールが進みます。なお, この手順は筆者が行った手順ですので, ご自身の実行環境に合わせて変更していただいて構いません。

インストール手順

1. Welcom to Anaconda3 2020.11 (64-bit) Setup（図 1.4）
インストールの開始のためのダイアログが表示されますので, 「Next」をクリック

2. License Agreement
ライセンスが表示されますので, 同意できれば「I Agree」をクリック

3. Select Installation Type
インストールの種類を聞かれますので, 「Just Me」を選択してから「Next」をクリック

4. Choose Install Location
インストール先を選択するダイアログが表示されますので, 特に問題がなければフォルダの変更をせずに「Next」をクリック

5. Advanced Installation Options
パスの設定をするかどうか聞かれますので, 「2 つのチェックボックスの両方にチェック*5」をしてから「Install」をクリック

6. Installing
インストールがはじまるのでしばらく待ち, インストール終了後「Next」をクリック

7. Installation Complete
インストールが終了しました。次に進むために「Next」をクリック

*5 ダイアログが表示された直後はチェックは1つだけです。

8.　Anaconda3 2020.11 (64-bit)

PyCharm というエディタをインストールするかどうか聞かれますが，本書では使用しないためここでは「Next」をクリック*6

9.　Anaconda3 2020.11 (64-bit)

チェックボックスが付いていると Anaconda に関する情報が WEB ブラウザで開きます。セットアップが終了しましたので，「Finish」をクリック

本書では，エディタを使ってスクリプトを書き，プロンプトからコマンドで実行することを想定します。エディタとは Windows のメモ帳のようなものです。Python スクリプトを書くときは文字コードとして UTF-8 を使用します。お勧めは以下の3つのエディタと VS Code と PyCharm です。

- TeraPad（https://tera-net.com/library/tpad.html）
- サクラエディタ（https://sakura-editor.github.io/）
- Notepad++（https://notepad-plus-plus.org/）
- VS Code（Visual Studio Code）（https://code.visualstudio.com/）
- PyCharm（https://www.jetbrains.com/lp/pycharm-anaconda/）

特に，インストールの途中で，PyCharm のインストールに関するリンクが出てきます。本書では扱いませんが，VS Code や PyCharm は Python のスクリプトを書いたり実行したりすることができる統合開発環境です。

1.3　Python スクリプトの実行

本書では Anaconda を起動すると表示されるプロンプトにコマンドを入力することで Python スクリプトを実行します。インストールの確認とその手順を示すために「Hello, Deep Learning!」と表示するだけのスクリプト作成をして，実行します。

まずは，ドキュメントフォルダに DLR フォルダ*7 を作ります。

次に，エディタでリスト 1.1 に示すスクリプトを作成します。そして，DLR フォルダの下に ch1 フォルダを作り，さらにその下に Hello フォルダを作成します。その中にこのスクリプトを hello.py という名前で保存します。このとき，文字コードを UTF-8 としてください。上記に紹介した VS Code と PyCharm 以外の3つのエディタでは図 1.5 に示す各部分をクリックすることで変更できます。

▶**リスト 1.1** ◀　簡単な Python スクリプト（Python 用）：hello.py

```
1  print('Hello, Deep Learning!')  # 文字の表示
```

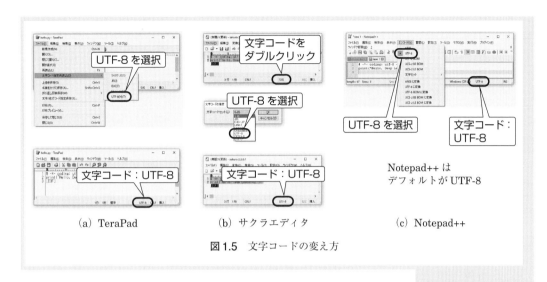

(a) TeraPad　　　　(b) サクラエディタ　　　　(c) Notepad++

図1.5 文字コードの変え方

　作成した hello.py を実行します。「Anaconda Prompt [*8]」を実行し
て，図 1.6 のようなプロンプトウインドウを開きます。

*8　スタートメニューの
Anaconda フォルダの中
にあります。もしくは
Windows のホーム画面の
左下の検索に Anaconda
Prompt と入力してくだ
さい。

図1.6　スクリプトの実行方法（Anaconda Prompt を使用）

　プロンプト上で cd コマンドを実行してフォルダ間を移動します。な
お，本書では > の後ろの部分がコマンドとなり，> がない部分は実行結
果を示しています。そして，dir コマンドを入力するとそのフォルダの
内容が表示されます。

```
>cd Documents
>cd DLR
>cd ch1
>dir
Hello
```

その後，以下のコマンドで Hello フォルダに移動した後，2行目に示す python からはじまるコマンドで hello.py を実行します。実行結果として「Hello, Deep Learning!」が表示されます。

```
>cd Hello
>python hello.py
Hello, Deep Learning!
```

なお，今後はリストが格納されているフォルダに移動しているものとして説明します。たとえば，リスト2.1の count.py を実行するときは cd コマンドで Document → DLR → ch2 → Count へフォルダを移動しているものとして説明を行います。

1.4　TensorFlow のインストール

*9　フレームワークとは，スクリプトを作るときに使われるライブラリに加えて，このライブラリを使えるようにするための「骨組み」も一緒に提供されているものをいいます。Windowsでは .NET Framework がそれにあたります。

*10　深層学習は急激な進歩を遂げていますので，フレームワークのバージョンアップが頻繁に行われます。そのため，本書で確認済みのバージョンでインストールを行うためにバージョン情報を付けてインストールを行います。

*11　GPU を使うための CUDA がインストールされている場合は以下のような表示が出ることがあります。
Successfully opened dynamic library cudart 64_101.dll

2種類のフレームワーク*9をインストールします。1つは深層学習のための TensorFlow であり，もう1つは深層強化学習のための TF-Agents です。TensorFlow のフレームワーク*10のインストールは，Anaconda Prompt を起動してから以下のコマンドを入力することで行います。インストールには数分から十数分かかります。なお，本書では表示していませんが，これらのコマンドを実行するとたくさんの実行ログが表示されます。

```
>pip install tensorflow
>pip install tf_agents
```

インストールの確認のために，以下のコマンドを入力します。python と入力すると，>>> と表示されます。これは Python のターミナルに入ったことを示しています。その後 import からはじまるコマンドを入力して，「何も表示されなければ」インストールが成功しています*11。ターミナルを終えるときは Ctrl + D もしくは Ctrl + Z を押した後で Enter を押します。

```
>python
>>>import tensorflow
>>>import tf_agents
>>>      ← Ctrl+D もしくは Ctrl+Z を押してから Enter
```

## 第2章

TensorFlow による深層学習の基本

TensorFlow を使った深層学習の説明から行います。深層学習の基本的な使い方を知らないと電子工作やスクリプト[*1]の改造が難しくなりますので，まずは簡単なスクリプトを例にとり TensorFlow をどのように使うかを説明します。その後，ファイルに書かれた学習データを読み取って学習する方法を説明します。これにより，読者の皆様が用意した学習データを使って深層学習ができるようになります。そして，深層学習で得られた**学習済みモデル**（単に**モデル**）という学習結果を使って，テストデータを分類してみます。

2.1　深層学習の基本構造

深層学習の構造について説明します。深層学習はニューラルネットワークが進化したものです。図 2.1（a）に，ニューラルネットワークを表す図を示します。この図中の丸印を**ノード**，ノードをつなぐ線を**リンク**と呼びます。ニューラルネットワークは，通常，図 2.1（a）に示すような中間層が 1 層のネットワークです。そして，深層学習で用いるニューラルネットワークは図 2.1（b）のように表すことができます。深層学習で用いるニューラルネットワークは図 2.1（b）に示すようにネットワークの中間層の数が増えてかつノードの数[*2]も増えるなどして構造が複雑になります[*3]。

深層学習のスクリプトを作るときには大きく以下の 2 つを決めることになります。

- ネットワークの構造
- ネットワークの計算方法

ネットワーク[*4]の構造を決めるとは，中間層をいくつにするのか，中間層のノードの数をいくつにするのか，などを決めることになります。ネットワークの計算方法については次節以降で説明します。

そして，学習とはネットワークの中のリンクに割り当てられた変数をうまく調整して，ある入力を入れたら望み通りの答えが出てくるようにすることをいいます。この学習によって得られたネットワークは**学習済みモデル**（単に**モデル**）と呼ばれています。深層学習を使うとは，この**学習済みモデル**を用いて，新たなテストデータを入れて答えを出すこと

*2　入力の数，中間層のノード数，出力の数はそれぞれ，入力の次元，中間層のノードの次元，出力の次元とも呼ぶことがあります。

*3　この中間層の部分を，この後説明する畳み込み層や LSTM（Long Short-Term Memory）層など複雑な層に変換することでより高度な深層学習となります。しかし，層構造となる点はどの深層学習でも変わりません。

*4　ネットワークをニューラルネットワークと表現する場合もあります。

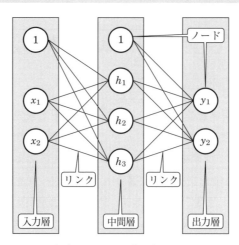

（ａ）ニューラルネットワーク

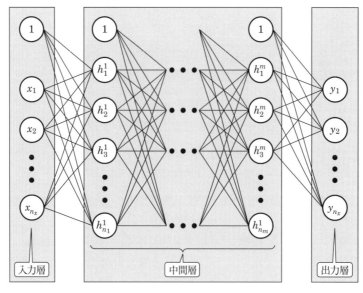

（ｂ）深層学習で用いる"深い"ニューラルネットワーク

図 2.1　ニューラルネットワークの構造

です。具体的には，図 2.2 に示す手順で深層学習を使います。

① 【学習データ】の作成

　　学習データとは「入力データ」（センサやカメラから得られるデータ）と，「ラベル」[*5]（そのデータが何を表すのか人間が作る答えとなるデータ）をセットにしたものです。

② 【学習済みモデル】の作成

　　学習データを大量に使って学習を行うことで学習済みモデルを作ります。学習データは「訓練データ」と「検証データ」に分けて使

＊5　教師データとも呼ばれます。

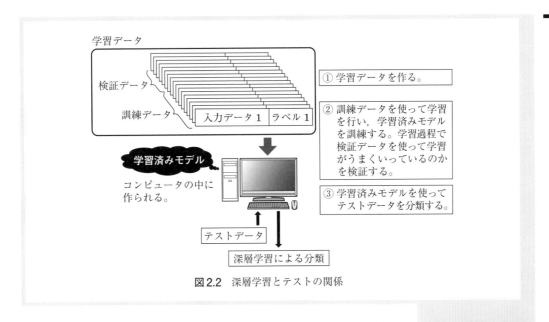

図2.2 深層学習とテストの関係

います*6。訓練データは学習済みモデルを生成するために用い、検証データはその学習済みモデルがどれだけよく分類できるかを検証するために用います。

③ 【テストデータ】の分類

　学習済みモデルを使って新たに作成したテストデータを分類します。テストデータは学習データには含まれていないデータとなります。深層学習を使うとは学習済みモデルを用いたテストデータの分類のことを指します。

*6　訓練データと検証データが同じでも構いません。また、検証データを使わなくても学習はできます。

2.2　深層学習のサンプルスクリプト

　深層学習の簡単なスクリプトを例にとって説明します。リスト2.1に示すスクリプト*7は3ビットの2進数（000, 001, 010, 011, 100, 101, 110, 111）の中にいくつ1が含まれているかを学習するスクリプトです。TensorFlowのスクリプトは長く感じるかもしれませんが、多くの部分は今後そのまま使うので、実際に変更しなければならない部分はわずかです。

　実行方法と、実行後の表示を示します。このスクリプトの名前がcount.pyであり、それがCountフォルダにあるものとします。フォルダ構造は次に示すものとします。この後の章でもこのようにスクリプトの名前の頭文字を大文字にしたフォルダにスクリプトが入っています。

*7　ダウンロードできるプログラム（スクリプトとスケッチを合わせて示すときにプログラムと表記）と本書に掲載しているリストのプログラムの行数は異なっています。ダウンロードできるプログラムはコピーライトや解説のためのコメントを追記しているためです。

```
Count
|-count.py
```

▶リスト 2.1◀　入力データ中の 1 の数を数えるスクリプト（Python 用）：count.py

```python
import tensorflow as tf
from tensorflow import keras
import numpy as np
import os

def main():
    epoch = 1000  # epoch数

    # データの作成
    # 入力用データ
    input_data = np.array(
        (
            [0, 0, 0],
            [0, 0, 1],
            [0, 1, 0],
            [0, 1, 1],
            [1, 0, 0],
            [1, 0, 1],
            [1, 1, 0],
            [1, 1, 1],
        ),
        dtype=np.float32,
    )
    # ラベル（教師データ）
    label_data = np.array([0, 1, 1, 2, 1, 2, 2, 3], dtype=np.int32)
    train_data, train_label = input_data, label_data  # 訓練データ
    validation_data, validation_label = input_data, label_data # 検証データ
    # ネットワークの登録
    model = keras.Sequential(
        [
            keras.layers.Dense(6, activation='relu'),
            keras.layers.Dense(6, activation='relu'),
            keras.layers.Dense(4, activation='softmax'),
        ]
    )
    # model = keras.models.load_model(os.path.join('result',
        'outmodel')) # modelのロード

    # 学習のためのmodelの設定
    model.compile(
        optimizer='adam', loss='sparse_categorical_crossentropy',
            metrics=['accuracy']
    )

    # TensorBoard用の設定
    tb_cb = keras.callbacks.TensorBoard(log_dir='log', histogram_
        freq=1)

    # 学習の実行
    model.fit(
        train_data,#入力データ
        train_label,#ラベル
        epochs=epoch,#エポック数
```

```
51    batch_size=8,#バッチサイズ
52    callbacks=[tb_cb],#TosorBoardの設定
53    validation_data=(validation_data, validation_label),#検証用
54    )
55    model.save(os.path.join('result', 'outmodel'))  # モデルの保存
56
57 if __name__ == '__main__':
58    main()
```

以下のコマンド（python count.py）で実行することができます。Epoch（エポック数）が1000になると終了します。

```
>cd Count
>python count.py
Train on 8 samples, validate on 8 samples
Epoch 1/1000
8/8 [==============================] - 0s 36ms/sample - loss: 1.2678
   - accuracy: 0.5000 - val_loss: 1.2647 - val_accuracy: 0.3750
Epoch 2/1000
8/8 [==============================] - 0s 6ms/sample - loss: 1.2647
   - accuracy: 0.3750 - val_loss: 1.2617 - val_accuracy: 0.3750
Epoch 3/1000
8/8 [==============================] - 0s 1ms/sample - loss: 1.2617
   - accuracy: 0.3750 - val_loss: 1.2588 - val_accuracy: 0.3750
(中略)
Epoch 395/1000
8/8 [==============================] - 0s 1ms/sample - loss: 0.6197
   - accuracy: 0.6250 - val_loss: 0.6187 - val_accuracy: 0.6250
Epoch 396/1000
8/8 [==============================] - 0s 1ms/sample - loss: 0.6187
   - accuracy: 0.6250 - val_loss: 0.6177 - val_accuracy: 0.6250
Epoch 397/1000
8/8 [==============================] - 0s 1ms/sample - loss: 0.6177
   - accuracy: 0.6250 - val_loss: 0.6168 - val_accuracy: 0.6250
(中略)
Epoch 999/1000
8/8 [==============================] - 0s 1ms/sample - loss: 0.1578
   - accuracy: 1.0000 - val_loss: 0.1573 - val_accuracy: 1.0000
Epoch 1000/1000
8/8 [==============================] - 0s 1ms/sample - loss: 0.1573
   - accuracy: 1.0000 - val_loss: 0.1567 - val_accuracy: 1.0000
```

2.3 スクリプトの解読

TensorFlowのスクリプトの構造を，リスト2.1に示した3ビットの2進数の中の1の数を分類するものを例にとって説明します。この関係を表にまとめると表2.1となります。

ここでは図2.3に示す中間層を2つ持つネットワークを作ります。丸印はノード，ノードをつなぐ線はリンクです。深層学習では中間層の数

表2.1　0と1からなる3ビットの入力の1の個数

入力	答え	入力	答え
000	0	100	1
001	1	101	2
010	1	110	2
011	2	111	3

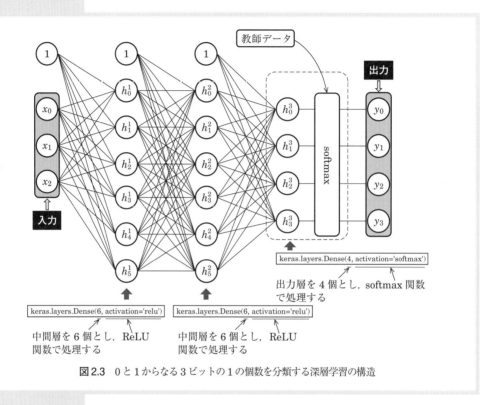

図2.3　0と1からなる3ビットの1の個数を分類する深層学習の構造

*8　それぞれの層でノード数を変えることはできますが，同じ数とする場合が多いです。

*9　活性化関数とは線形計算後に用いる関数です。この関数で値を変換することでニューラルネットワークの能力が飛躍的に高まります。

*10　このようにまとめて書く必要はないのですが，重要なハイパーパラメータをまとめて最初に設定しておくと，後で変更しやすくなるので便利です。

をいくつにするのか（この例では2層），各層のノードの数をいくつにするのか（この例では6個）を決める必要があります*8。そして，「各層のノードではどのような計算をして出力するのか（どの活性化関数*9を使うのか）」も決めます。

このスクリプトを理解しておくことはこの後の節で重要となりますので，しっかりと説明をします。

1. ライブラリの設定（1〜4行目）　まずはじめにライブラリを読み込んでいます。1行目はTensorFlow，2行目はKerasのライブラリを読み込んでいます。3行目と4行目はNumPyライブラリとOSライブラリの読み込みで，データの作成に必要なライブラリです。

2. ハイパーパラメータの設定（7行目）　深層学習を行うときによく変更する重要なハイパーパラメータを最初に設定しています*10。ここでは，学習の繰り返し回数（エポック数）の値を設定するための変数として，epochだけを設定しています。ここでは1000としています

が，このさじ加減は何度も経験して感覚的にあたりを付ける必要があります。この後のスクリプトでも重要な変数は最初に書くこととします。

3. **学習データの設定（11～27行目）** 学習データを設定しています。input_data は入力データで，label_data はラベル（教師データ）[11]です。深層学習では多くの場合，学習済みモデルを生成するための訓練データと，学習がうまくいっているかどうかを検証するための検証データを使います。このスクリプトでは訓練用入力データ（train_data），訓練用ラベル（train_label），検証用入力データ（validation_data），検証用ラベル（validation_label）の4つを設定しています[12]。なお，この例では学習データはすべてスクリプトの中に書いてありますが，通常はファイルなどから読み取ることとなります。ファイルからデータを読み取る方法は2.4節で示します。

　また，この例では学習データが8個しかないので，訓練データと検証データを分けずに同じ学習データを用います。深層学習では学習データが100個以上，場合によっては数十万個以上あるのが普通です。その場合，たとえば80％を訓練データとして使い，残り20％を検証データとして使う，といったように分けて使います。

4. **ネットワークの設定（29～35行目）** 3つの keras.layers.Dense 関数（以下 Dense 関数と示す）で3層のネットワークの設定を行っています。この部分の設定がとても重要となりますので，しっかり説明します。

　まず，Dense 関数の働きについて図2.3と対応させながら説明します。Dense 関数ではノードの数と活性化関数の設定を行います。ノード数は想像がつきやすいと思いますし，この後のスクリプトを見れば納得できると思います。

　ここでは活性化関数について説明します。活性化関数とはノードの計算をした後に，その値に対して計算をするための関数を指します。たとえば，1層目に着目すると各ノードの値に対して ReLU 関数[13]の計算を行っています。この ReLU 関数が活性化関数です。2層目も同様に活性化関数として ReLU を用いています。3層目に着目します。1，2層目で行ったような各ノードそれぞれに行う関数でなく，すべてのノードの値を集めて計算するソフトマックス（softmax）と呼ばれる活性化関数を用いています[14]。3層目の意味をもう少し詳しく説明します。まず，3層目のノード数を4つに設定している理由は，表2.1に示すように出力層のノード数は答えとして0～3までの4通りあるからです。そして，今回の問題は分類問題と呼ばれ，たとえば，0という答えを出力する場合は一番上のノードの値が大きくなり，1と

[11] ラベルと教師データは同じです。他書ではラベルと書いてあったり教師データと書いてあったりします。

[12] 検証用入力データと検証ラベルは用いない場合もあります。

[13] 0以下なら0，0以上ならそのまま出力する関数です。

[14] ソフトマックスのような集めて計算するものを活性化関数として扱わない書籍もあります。

いう答えを出力する場合は上から2番目のノードの値が大きくなると
いった具合に答えを出します。ソフトマックス関数はこれをうまく処
理するための関数で，出力層の各ノード（この場合は $y_0 \sim y_3$）がど
の程度の確率であるかを計算する関数です。この後説明するリスト
2.3に示すスクリプトでは確率の最も大きいものが答えとして出力さ
れます。

ReLU関数以外にも活性化関数が用意されています。ここでは，
ReLU関数のように各ノードに対して行う活性化関数をReLU関数
も含めて，以下にまとめました。なお，これ以外にも多くの活性化関
数があります。

- ReLU関数（Rectified Linear Unit）
- tanh関数（hyperbolic tangent，双曲線正接）
- シグモイド関数（sigmoid）
- Leakly ReLU関数

それではスクリプトを見ていきましょう。31行目では1層目の
Dense層を設定しています。第1引数で6個のノードを設定します。
そして，第2引数で活性化関数を指定します。ここではReLU関数
を設定しています。

32行目では2層目のDense層を設定しています。これは1層目と
同じです。

33行目では出力層（最後の層）のDense層を設定しています。
ノード数を4に設定しています。これは答えが0〜3の4通りだから
です。そして，活性化関数としてソフトマックス（softmax）関数を
設定しています。

5. **学習の設定（39〜41行目）**　どのようなアルゴリズムに従って学習
を行うのかについての設定を行っています。この部分では以下の3つ
を設定しています。

最適化アルゴリズム（optimizer）　深層学習は先ほど設定したネッ
トワークを学習させることでいろいろなことができるようなります。
この学習のためのアルゴリズムが数多く開発されています。このス
クリプトではアダム（Adam）を設定しています。このように名前
を入れるだけでさまざまなアルゴリズムを使って学習してくれま
す。TensorFlowで使うことのできる最適化アルゴリズムはホーム
ページ（https://www.tensorflow.org/api_docs/python/tf/keras/
optimizers）を参考にしてください。

損失関数（loss）　学習するときには，答えとなるラベルとの誤差を
計算し，その値を利用します。この誤差を計算するための関数がい
くつもあります。このスクリプトではクロスエントロピーの1つで

ある sparse_categorical_crossentropy を設定しています。損失関数も名前を入れるだけでさまざまな関数を使って学習してくれます。TensorFlow で使うことのできる損失関数はホームページ（https://www.tensorflow.org/api_docs/python/tf/keras/losses）を参考にしてください。

評価尺度（metrics） 学習がうまくできているかどうかを調べる（これを「モデルの性能を測る」といいます）ために使う項目です。これは，評価をするだけで学習には利用しません。このスクリプトでは精度（accuracy）を設定しています。評価尺度も名前を入れるだけでさまざまな関数を使って学習してくれます。しかも，複数設定することができます。TensorFlow で使うことのできる評価尺度はホームページ（https://www.tensorflow.org/api_docs/python/tf/keras/metrics）を参考にしてください。

6. **TensorBoard の設定（44，52 行目）** TensorBoard とは学習がうまく進んでいるかどうかをグラフィカルに表示することができるツールです。この詳細は 2.7 節で行います。

7. **実行（47〜54 行目）** 実行は model.fit 関数に設定したハイパーパラメータなどを読み込ませることで行います。

　ここで，上級者になるにつれて重要となる batch_size（ミニバッチサイズ）について説明します。深層学習では 1 つの学習データを計算するごとにネットワークを更新するよりも，いくつかの学習データを計算した後にまとめてネットワークを更新した方がよいことが知られています。これをミニバッチ学習といいます。ミニバッチサイズは 1 回の更新で使う学習データの数を設定しています。リスト 2.1 では学習データが少ないので，すべて（8 個）計算してから更新するように設定しています。このように学習データの総数とミニバッチサイズが同じ場合をバッチ学習といいます。学習データの数が多くなるとミニバッチサイズはずっと小さくします。学習データが多い場合（たとえば 1000 以上）は，ミニバッチサイズを 10 分の 1 から 100 分の 1 程度に設定することがよくあります。

8. **学習済みモデルの読み込みと保存（36，55 行目）** 学習済みモデルの保存は 55 行目での model.save 関数で行っています。保存先を設定するときに os.path.join 関数で result フォルダの下の outmodel フォルダとすることを設定しています。これは Windows や macOS，Linux で設定の仕方の違いを吸収するための処理です。

　このスクリプトでは使いませんのでコメントアウトしていますが，学習済みモデルの読み込みは 36 行目の keras.models.load_model 関数で行います。

2.4　ファイルの学習データの読み込み

　　2.3 節の例では学習データ（入力データとラベル）がすべてスクリプト中に書いてありました。しかし，深層学習では大量の学習データが必要になるので，スクリプト中にすべてを書くことはできません。そこで，ここではファイルから学習データを読み込んで，学習済みモデルを作成する方法を示します。

　　ここでは，2.2 節と同じ 3 桁の 2 進数の中の 1 の数を答えとする学習データを用います。この方法がわかれば読者の皆様は自分の好きな学習データを扱うことができると思います。

　　学習データは以下に示すように，左から 3 つの数字が入力データで，右から 1 つの数字がラベル（答えのデータ）となっています。そしてこれが train_data.txt に保存してあるものとします。

```
0 0 0 0
0 0 1 1
0 1 0 1
0 1 1 2
1 0 0 1
1 0 1 2
1 1 0 2
1 1 1 3
```

　　これを実現するスクリプトはリスト 2.1 とほぼ同じで，11〜25 行目のデータの作り方が異なります。そこで，異なる部分だけリスト 2.2 に示します。

　　実行すると 2.3 節と同じ出力が得られます。

▶リスト 2.2◀　ファイルに書かれた学習データを読み込む（Python 用）：count_file.py

```
1  （前略）
2      # データの作成
3      with open('train_data.txt', 'r') as f:  # ファイルのオープン
4          lines = f.readlines()   # ファイルから読み込み
5
6      data = []
7      for l in lines:
8          d = l.strip().split()   # タブでデータを分ける
9          data.append(list(map(int, d)))   # データの変換と追加
10     data = np.array(data, dtype=np.int32)
11     input_data, label_data = np.hsplit(data, [3])
12     label_data = label_data[:, 0]   # 次元削減
13     input_data = np.array(input_data, dtype=np.float32)   # 型の変換
14     label_data = np.array(label_data, dtype=np.int32)
15 （後略）
```

リスト2.2の8行目で，ファイルから読み込んだ学習データから1行取り出して，それを入力データとラベルに分割しています。9行目でそれをリスト形式に変換してdata変数に追加しています。7〜9行目を読み込んだデータの数だけ繰り返しています。

train_data.txtの内容を見ると，最初の3列が入力データですので，11行目でそれを取り出しています。そして，最後の1列がラベルですので，12行目でそれを取り出しています。そのデータをもとにtrain_data変数とtrain_label変数，validation_data変数とvalidation_label変数を作成しています。

2.5　学習済みモデルの使用

前節で，ファイルに保存したデータを読み込んで学習する方法を示しました。最後は学習済みモデルを使って，テストデータを分類します。

テストデータもファイルから読み込むものとし，以下をtest_data.txtファイルに記述しておきます。今回はテストデータですので，ラベルは付いていません。

```
0 0 0
0 0 1
0 1 0
0 1 1
1 0 0
1 0 1
1 1 0
1 1 1
```

これを実現するスクリプトをリスト2.3に示します。まずは実行して，どのような結果になるのかを示します。

まず，count.pyを実行し，学習済みモデルを作成します。学習済みモデルができるとcount.pyと同じフォルダにresultフォルダができます。その後，resultフォルダをcount_test.pyがあるフォルダに移動またはコピーします。count_test.pyを実行すると以下の表示が得られます。inputからはじまる行が入力データに対する深層学習の答えとなります。実行直後のたくさんの数字はこの後の説明で使います。

```
>python count_test.py
[[9.6169800e-01 3.6281079e-02 1.4609974e-03 5.5991847e-04]
 [1.0818877e-02 9.8303080e-01 5.4957308e-03 6.5455335e-04]
 [1.0230093e-03 9.5091105e-01 4.7383793e-02 6.8217464e-04]
 [1.1674809e-06 2.8776606e-03 9.6026963e-01 3.6851481e-02]
 [2.2363870e-03 9.4250959e-01 5.4058373e-02 1.1956671e-03]
 [1.8677994e-06 3.1297435e-03 9.7572565e-01 2.1142846e-02]
 [1.6788611e-06 3.5242163e-02 9.0850222e-01 5.6253903e-02]
```

```
                [1.1617551e-09 1.0525936e-05 7.7814832e-02 9.2217469e-01]]
input: [0. 0. 0.], result: 0
input: [0. 0. 1.], result: 1
input: [0. 1. 0.], result: 1
input: [0. 1. 1.], result: 2
input: [1. 0. 0.], result: 1
input: [1. 0. 1.], result: 2
input: [1. 1. 0.], result: 2
input: [1. 1. 1.], result: 3
```

▶リスト2.3◀　ファイルに書かれたテストデータを読んで分類（Python用）：
　　　　　　 count_test.py

```
 1  import tensorflow as tf
 2  from tensorflow import keras
 3  import numpy as np
 4  import os
 5
 6  def main():
 7      # データの作成
 8      with open('test_data.txt', 'r') as f:  # ファイルのオープン
 9          lines = f.readlines()   # ファイルから読み込み
10
11      data = []
12      for l in lines:
13          d = l.strip().split()   # タブでデータを分ける
14          data.append(list(map(int, d)))   # データの変換と追加
15      test_data = np.array(data, dtype=np.float32)   # 型の変換
16
17      # ネットワークの登録
18      model = keras.models.load_model(os.path.join('result', 'outmodel'))
19
20      # 学習結果の評価
21      predictions = model.predict(test_data)   # テストデータの結果の予測
22      print(predictions)
23      for i, prediction in enumerate(predictions):
24          result = np.argmax(prediction)   # どの値が最も大きいかを計算
25          print(f'input: {test_data[i]}, result: {result}')
26
27  if __name__ == '__main__':
28      main()
```

　　まず，テストデータを8〜15行目で読み込みます。2.4節で説明した
方法と同様です。異なる点は今回の読み込みファイルはラベルが付いて
いないため，入力データとラベルに分ける必要がない点です。

　　次が，ここでのポイントで，18行目で学習済みモデルを読み込んで
います。学習済みモデルはリスト2.1の55行目で保存するようにして
いました。

　　最後に，21〜25行目までがモデルを使って評価している部分となり
ます。まず21行目では読み込んだテストデータをネットワークに入力

した場合に出力される結果を計算しています。そして，22行目でその結果を表示しています。この表示は実際に使うときには必要ありませんが，この結果の意味がわかるとソフトマックス関数で行っていることが理解しやすくなります。たとえば，実行結果の1行目に着目します。これはテストデータの1行目の値を入れた結果となります。1行目の値は「0 0 0」でしたので答えは0となります。実行結果では [9.6169800e-01 3.6281079e-02 1.4609974e-03 5.5991847e-04] となっています[*15]。これは図2.3に示した出力の4つのノードの値であり，以下のようにそれぞれのノードの確率を示しています。

*15　この値は実行するごとに異なります。

- ノード1である確率：0.96169800
- ノード2である確率：0.036281079
- ノード3である確率：0.0014609974
- ノード4である確率：0.00055991847

この結果，ノード1と分類される確率が96%となります。なお，確率ですので，すべてを足すと1（実際に足し合わせると0.99999999487ですが，これは計算誤差です）となります。

2行目の値も同様に確認してみます。テストデータの2行目の値は「0 0 1」でしたので答えは1となります。実行結果の2行目は [1.0818877e-02 9.8303080e-01 5.4957308e-03 6.5455335e-04] です。先ほどと同様に箇条書きで確率を示すと以下になります。

- ノード1である確率：0.010818877
- ノード2である確率：0.98303080
- ノード3である確率：0.0054957308
- ノード4である確率：0.00065455335

この結果，ノード2と分類される確率が98%となります。このように，ソフトマックス関数は確率として表す働きをします。

では23行目のループ部分の説明を行います。このループは読み込んだテストデータをすべて試すためのループです。24行目では何番目の値が最も大きいかを調べています。これにより，結果の分類を行っています。そして，その結果を25行目のprint文で示しています。

このように，深層学習の分類はどの答えに最も近いかを確率で表すものとなっています。

2.6　深層学習（回帰問題）のスクリプト

これまでは分類問題を扱ってきました。この節では，これまで紹介したスクリプトを変更して，回帰問題に適用する方法を紹介します。

分類問題は入力データがどのラベルに近いかを見分ける問題でしたので，答えはラベル 1 とかラベル 3 といった番号で答えが得られました。一方，回帰問題は答えが値として得られるという特徴があります。まず，例を用いて回帰問題を説明し，それを扱う手順を説明します。

図 2.4 のようにレーザーなどで計測器から対象物（反射板）までの距離を測る計測器があるとしましょう。そしてこの計測器は距離〔mm〕を電圧〔V〕に直して出力しますが，その関係はわからないとします。その対応関係を求める問題を考えます。

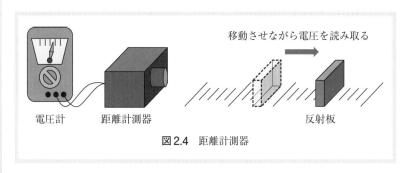

移動させながら電圧を読み取る

電圧計　　距離計測器　　　　　　　　　　反射板

図 2.4　距離計測器

深層学習を使わないで対応関係を求めるときよく用いられる方法として，距離を 50 mm から 300 mm まで 50 mm おきに電圧を計測しそれを図 2.5 のようにグラフにプロットします。そして，そのデータに適当な曲線を当てはめて，対応関係を求めます。こうすることで，測定してないデータであってもその曲線から読み取れます。ここでは電圧そのものでなく，電圧を Arduino で読み取った電圧値としています。たとえば，このグラフから読み取った電圧値が 400 であった場合は約 120 mm であることが読み取れます。

このように，データから対応関係を求めることを，深層学習に行わせる問題が回帰問題となります。これにより，学習済みモデルを用いて，

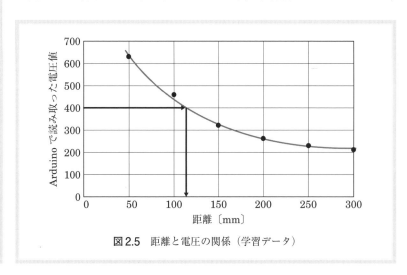

図 2.5　距離と電圧の関係（学習データ）

電圧を入力とすると距離が求められます。

　本節で用いる学習データは以下に示すように，左の列が電圧を Arduino で読み取った値，右の列が距離となっています。そして，これが train_data.txt に保存してあるものとします。なお，このデータは 5 章で行う実験で筆者が実際に計測したデータで，図 2.5 はこのデータをプロットしたものです。図中の実線は筆者が適当に引いた曲線です。

630	50
460	100
323	150
262	200
231	250
213	300

　これを学習するためのスクリプトをリスト 2.4 に示します。

▶リスト 2.4 ◀　回帰問題用学習スクリプト（Python 用）: kyori.py

```
1   import tensorflow as tf
2   from tensorflow import keras
3   import numpy as np
4   import os
5
6   def main():
7       epoch = 5000   # epoch 数
8
9       # データの作成
10      with open('train_data.txt', 'r') as f:  # ファイルのオープン
11          lines = f.readlines()   # ファイルから読み込み
12      data = []
13      for l in lines:
14          d = l.strip().split('¥t')   # タブでデータを分ける
15          data.append(list(map(float, d)))   # データの変換と追加
16      data = np.array(data, dtype=np.float32)
17      input_data, label_data = np.hsplit(data, [1])
18      label_data = label_data[:, 0]  # 次元削減
19      train_data = np.array(input_data, dtype=np.float32)
20      train_label = np.array(label_data, dtype=np.float32)
21      validation_data = np.array(input_data, dtype=np.float32)
22      validation_label = np.array(label_data, dtype=np.float32)
23
24      # ネットワークの登録
25      model = keras.Sequential(
26          [
27              keras.layers.Dense(100, activation='relu'),
28              keras.layers.Dense(100, activation='relu'),
29              keras.layers.Dense(1),  # 回帰問題なので「1」
30          ]
31      )
32
33      model.compile(
34          optimizer='adam', loss='mse', metrics=['mse']
35      )
36
37      # TensorBoard 用コールバック
38      tb_cb = keras.callbacks.TensorBoard(log_dir='log', histogram_
            freq=1)
```

```
39
40      model.fit(
41          train_data,
42          train_label,
43          epochs=epoch,
44          batch_size=8,
45          callbacks=[tb_cb],
46          validation_data=(validation_data, validation_label),
47      )
48
49      model.save(os.path.join('result', 'outmodel'))   # モデルの保存
50
51  if __name__ == '__main__':
52      main()
```

リスト 2.2 と異なる点が 5 つあります。

1 つ目はエポック数を 5000 としている点です。2 つ目はラベルを np.float32 として扱う点です。3 つ目はネットワークの中間層のノード数を 100 としている点です。4 つ目はネットワークの最後の層の softmax を削除した点です。5 つ目は loss を mse（mean square error：平均二乗誤差）としている点です。これを実行すると学習済みモデルが得られます。

次に，学習済みモデルを用いて，回帰問題の結果がどのようになっているのかをテストするスクリプトをリスト 2.5 に示します。テストデータ（test_data.txt）は以下のように 200, 220, …, 600 までの数が書いてあるものを用いました。こうすると，200 が入力されたときの回帰問題で得られる予測値，220 を入力したときの予測値といった具合に各入力の予測値が得られます。

```
200
220
240
280
300
320
350
400
450
550
600
```

▶リスト 2.5◀　回帰問題用テストスクリプト（Python 用）：kyori_test.py

```
1   import tensorflow as tf
2   from tensorflow import keras
3   import numpy as np
4   import os
5
6   def main():
7       # データの作成
```

```
 8        with open('test_data.txt', 'r') as f:   #ファイルのオープン
 9            lines = f.readlines()   #ファイルから読み込み
10
11        data = []
12        for l in lines:
13            d = l.strip().split()   #タブでデータを分ける
14            data.append(list(map(float, d)))   #データの変換と追加
15        test_data = np.array(data, dtype=np.float32)
16
17        #  ネットワークの登録
18        model = keras.models.load_model(os.path.join('result', 'outmodel'))
19
20        #  学習結果の評価
21        predictions = model.predict(test_data)
22        for i, prediction in enumerate(predictions):
23            print(f'{test_data[i][0]:.2f},{prediction[0]:.6f}')
24
25    if __name__ == '__main__':
26        main()
```

　リスト2.3と異なる点は1つだけです。2.5節では予測値（確率）の最も大きいノード番号を出力していましたが，今回は予測値そのものを表示します。

　これを実行すると次ページの表示が得られますので，この値をコピーして図2.5のグラフに追加することで結果を示すこととします。この値を追加した図を図2.6に示します。予測値はバツ印で表しています。学習したデータ（丸印のデータ）とは異なる値を入力として用いても，データから得た曲線（著者が適当に当てはめた曲線）に近い値が得られることが確認できました。

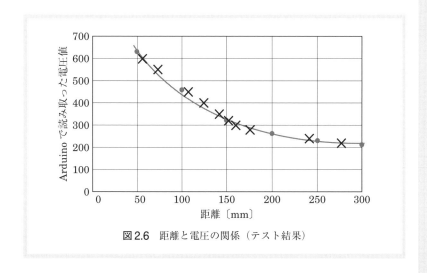

図2.6　距離と電圧の関係（テスト結果）

```
200  307.332489
220  274.821838
240  241.695877
280  175.443985
300  160.244125
320  153.288452
350  142.854843
400  125.465469
450  108.076202
550   73.297539
600   55.908199
```

2.7 役に立つ機能を使ってみよう

TensorFlow で作成した深層学習のスクリプトの実行結果など情報を
わかりやすく示すためのツールとして TensorBorad が提供されていま
す。学習状態をグラフ化する方法と，作成したネットワークを可視化す
る方法の 2 つについて示します。さらに，TensorBoard を使わず作成
したネットワークの構造を示す方法も示します。これは便利な機能です
が理解するには少し難しい点があります。難しいと感じた場合はこの後
の章で慣れてから読み直してもよい節です。

2.7.1 TensorBoard を使う

これまでのスクリプトに TensorBoard を使うためのコードが含まれ
ていました。ここでは count.py を例に説明します。TensorBoard を使
うためのスクリプトは以下の部分です。まず，3 行目で TensorBoard
用データの出力フォルダ（ここでは「log フォルダ」）を設定していま
す。そして，model.fit 関数の中で TensorBoard 用のデータの出力をす
るための設定をしています。

実行後，count.py と同じフォルダに log フォルダが作成されます。こ
の中身はデータファイルですので，テキストエディタなどで開いても人
間が読み取ることはできません。

▶リスト 2.6◀　入力データ中の 1 の数を数えるスクリプトの抜粋（Python 用）：count.py

```
1  （前略）
2  # TensorBoard 用コールバック
3  tb_cb = keras.callbacks.TensorBoard(log_dir='log', histogram_
      freq=1)
4
5  # 学習の実行
6  model.fit(
7      train_data,
8      train_label,
9      epochs=epoch,
```

```
10          batch_size=8,
11          callbacks=[tb_cb],   # TensorBoard用データを出力するための設定
12          validation_data=(validation_data, validation_label),
13      )
14      model.save(os.path.join('result', 'outmodel'))  # モデルの保存
15
16  if __name__ == '__main__':
17      main()
```

　TensorBoard の使い方を説明します。count.py と同じフォルダで以下のコマンドを実行します。実行後，以下のようなメッセージが出ると TensorBoard を使う準備が整いました。

```
>tensorboard --logdir log
TensorBoard 2.1.1 at http://localhost:6006/ (Press
    CTRL+C to quit)
```

　Microsoft Edge や Google Chrome などの WEB ブラウザを開き，アドレスに「http://localhost:6006/」を入力すると図 2.7 が表示されます。終了は，WEB ブラウザを閉じるだけでなく，プロンプトで「Ctrl＋C」を押すことで終了します。

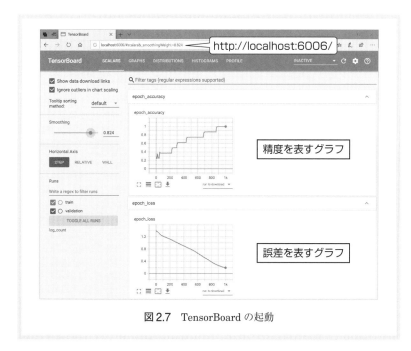

図 2.7　TensorBoard の起動

注意

　バージョンによっては，log フォルダの中身は上書きでなく，追加されます。再度実行してその実行結果を TensorBoard で確認するときには，log フォルダを削除してから行ってください。

2.7.2　学習状態のグラフ化

　学習の状況をグラフを用いて確認できます。TensorBoard を起動すると図2.7 が表示されます。この上下の2つのグラフが学習状態を表すグラフであり，上段が「精度（accuracy）」，下段が「誤差（loss）」を表しています。ともに横軸はエポック数（学習回数）です。

　精度は1に近づくほど良い結果であり，誤差は0に近づくほど良い結果となります。精度に着目すると，徐々に1に近づいていっている様子がわかります。そして，900 付近で精度が1，つまり，完全に正解できることがわかります。

　なお，中間層の数を6から100に変えた場合のグラフが図2.8となります。100 付近で完全に正解できていることがわかります。中間層を多くすると学習は速くなりますが，「過学習」というものが起こります。過学習については2.7.5 項で説明します。

図2.8　中間層の効果

2.7.3　ネットワーク構造の可視化

　TensorBoard を用いてネットワークを可視化します。まずは，上部の「GRAPHS」をクリックして図2.9 を表示させます。

　「sequential」をダブルクリックすると図2.10 が表示されます。3層の Dense 層からなっていることがわかり，文字が小さいですが，6ノードであることもわかります。

　ここまでだったら自分で作成したネットワークの確認ですが，たとえばこの要領でクリックして展開を繰り返すと図2.11 が表示されます[16]。

*16 sequential →
Dense → MatMul →
ReadVariableOp の順に
展開しています。

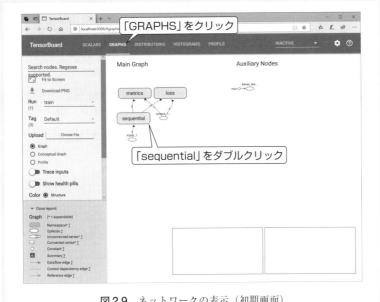

図2.9 ネットワークの表示（初期画面）

図2.10 ネットワークの表示（sequential の展開）

TensorFlow の内部でどのような処理が行われているかもわかります。
上級者も満足できるものとなっています。

図2.11　ネットワークの表示（展開例）

2.7.4　ネットワーク構造の概要の表示

TensorBoard を使わないで以下のようにネットワーク構造の概要を表示することができます。3 層の Dense 層で構成されていて，1，2 層目のノードが 6，3 層目のノードが 4 であることがわかります。

そして，右側の Param # は各層の学習すべき重みとバイアス項[*17]の数を示しています。これは図 2.3 の線の数に相当します。たとえば 1 行目は図 2.3 によると入力層のノードが 3 つで，常に 1 のノードが 1 つあり，それが 6 つのノードと結ばれています。そのため，$4 \times 6 = 24$ となります。同様に，2，3 行目の Param # に示された数は $7 \times 6 = 42$，$7 \times 4 = 28$ となります。

*17　これらをパラメータと呼ぶこともあります。一方で人間が決定すべきパラメータ（層の数等）をハイパーパラメータと呼びます。

```
Model: "sequential"

Layer (type)                    Output Shape                Param #
=================================================================
dense (Dense)                   (None, 6)                   24

dense_1 (Dense)                 (None, 6)                   42

dense_2 (Dense)                 (None, 4)                   28
=================================================================
Total params: 94
Trainable params: 94
Non-trainable params: 0
```

これを行うためにはリスト2.1のcount.pyを2か所変更する必要があります。まずは1層目に入力を設定する必要があります。今回は「input_shape=(3,)」を追加しました。次に，modelの設定が終わった後，「model.summary関数」を実行する必要があります。入力を設定しなければならないことがわかりにくい点です。

▶リスト2.7◀　入力データ中の1の数を数えるスクリプトの抜粋（Python用）：
　　　　　　　count_network.py

```
1   (前略)
2       model = keras.Sequential(
3           [
4               keras.layers.Dense(6, input_shape=(3,), activation='relu'),
5               keras.layers.Dense(6, activation='relu'),
6               keras.layers.Dense(4, activation='softmax'),
7           ]
8       )
9   (中略)
10      model.compile(
11          optimizer='adam', loss='sparse_categorical_crossentropy',
                metrics=['accuracy']
12      )
13      model.summary()  # 追加
14  (後略)
```

2.7.5　過学習と学習不足

　学習をうまく行うためには過学習を防ぎ，学習不足にならないように学習することが必要になります。これらの状況にならないように深層学習のハイパーパラメータ（ノード数や層の数など）を決めるのはかなり難しい作業となります。2.7.5項はその手助けとなる情報なので，ぜひ覚えておきましょう。

　深層学習には分類問題と回帰問題がありますが，過学習と学習不足がグラフで直感的に理解しやすいので回帰問題を対象としました。

　図2.4のように距離を測る機械を想定します。ただし，問題を簡単にするため，$y = 2x + 20$（x：距離，y：電圧）に従ってデータが取得できるものとします。そして，今回は計測誤差によって正確なデータが取れないとします。

　先ほどと同様に，いくつかデータを取って距離と電圧の関係を推定することを行います。ここでは，距離と電圧の関係を26回計測し，5回分を訓練データ，21回分を検証データとして深層学習で関係性が学習できるかという問題を考えます。

　本来の距離と電圧の関係をグラフで表すと図2.12の破線となります。計測誤差により，得られたデータは図2.12のひし形印とバツ印としま

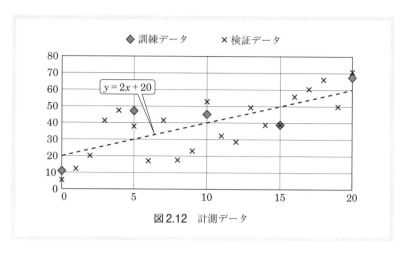

図2.12 計測データ

す。ひし形印は今回の訓練データ，バツ印は検証データです。

訓練データ（train_data.txt）は以下を用いました。

```
0     11.29216944
5     47.42065432
10    45.34759629
15    38.88949796
20    67.39739931
```

そして，検証データ（validation_data.txt）はこれまで同じものを用いていましたが，今回は以下を用います。なお，今回は過学習と学習不足をわかりやすく説明するために検証データの方を多く設定していますが，通常は全学習データの8〜9割は訓練データにします。

```
0     5.908751797
1     12.60275628
2     20.45876292
3     41.5771962
4     47.45099147
5     38.10613854
6     17.09175452
7     41.69089463
8     17.63724634
9     23.26202685
10    52.94614869
11    32.23849584
12    28.58009768
13    49.51106157
14    38.81236782
15    39.01986932
16    55.71464731
17    60.464879
18    66.2186042
19    49.84995076
20    70.89003217
```

これを学習するためのスクリプトをリスト2.8に示します。

```
1   import tensorflow as tf
2   from tensorflow import keras
3   import numpy as np
4   import os
5
6   def main():
7       epoch = 1000　 # epoch数
8
9       # データの作成
10      with open('train_data.txt', 'r') as f:
11          lines = f.readlines()
12      # 入力用データとラベル（教師データ）
13      data = []
14      for l in lines:
15          d = l.strip().split('¥t')
16          data.append(list(map(float, d)))
17      data = np.array(data, dtype=np.float32)
18      input_data, label_data = np.hsplit(data, [1])
19      label_data = label_data[:, 0]　 # 次元削減
20      train_data = np.array(input_data, dtype=np.float32)
21      train_label = np.array(label_data, dtype=np.float32)
22
23      # データの作成
24      with open('validation_data.txt', 'r') as f:
25          lines = f.readlines()
26      data = []
27      for l in lines:
28          d = l.strip().split('¥t')
29          data.append(list(map(float, d)))
30      data = np.array(data, dtype=np.float32)
31      input_data, label_data = np.hsplit(data, [1])
32      label_data = label_data[:, 0]　 # 次元削減
33      validation_data = np.array(input_data, dtype=np.float32)
34      validation_label = np.array(label_data, dtype=np.float32)
35
36      # ネットワークの登録
37      model = keras.Sequential(
38          [
39              keras.layers.Dense(10, activation='relu'),
40              keras.layers.Dense(10, activation='relu'),
41              keras.layers.Dense(1),
42          ]
43      )
44
45      model.compile(
46          optimizer='adam', loss='mse', metrics=['mse']
47      )
48
49      # TensorBoard用コールバック
50      tb_cb = keras.callbacks.TensorBoard(log_dir='log_10', histogram_
            freq=1)
51
52      model.fit(
```

```
53          train_data,
54          train_label,
55          epochs=epoch,
56          batch_size=8,
57          callbacks=[tb_cb],
58          validation_data=(validation_data, validation_label),
59      )
60
61      model.save(os.path.join('result_10', 'outmodel'))  # モデルの保存
62
63  if __name__ == '__main__':
64      main()
```

リスト2.4と異なる点が2つあります。もっと簡単に書くこともできますが，リスト2.4の内容をなるべく変更せずにスクリプトを作成したため，回りくどい方法となっています。

1つ目はリスト2.4では1つのファイルから取得していましたが，リスト2.8では訓練データ（train_data，train_label）と検証データ（validation_data，validation_label）を別々のファイルから取得している点です。

2つ目は学習後にできるフォルダの名前をlog_10（50行目）とresult_10（61行目）といったようにノード数を付けている点です。これはこの後グラフをまとめやすくするためです。

次に，学習済みモデルを用いて，回帰問題の結果がどのようになっているのかを予測します。このスクリプトはリスト2.5とほぼ同じですが，出力が次ページのようになっている点のみ異なります。なお，テストデータ（test_data.txt）は以下のように0から20までの数が書いてあるものを用いました。これによって，0が入力されたときの回帰問題で得られる予測値，1を入力したときの予測値といった具合に各入力の予測値が得られます。

```
0
1
2
（中略）
19
20
```

▶リスト2.9◀　回帰問題用テストスクリプト（Python用）：kaiki_test.py

```
1  （前略）
2          print(f'{test_data[i][0]},{prediction[0]}')
3  （後略）
```

まず，kaiki.py を実行し，学習済みモデルを作成します。その後，学習済みモデルを kaiki_test.py と同じフォルダにコピー（または移動）してから kaiki_test.py を実行します。

以下の表示が得られますので，この値をコピーして図 2.12 のグラフに追加することで結果を示すこととします。この値を追加した結果を図 2.13（a）に示します。なお，予測値は丸印で表し，グラフを見やすくするため線で結んでいます。そして，この実行結果の loss を TensorBoard で表示すると図 2.13（b）となります。

```
>kaiki_test.py
0.0,6.469277381896973
1.0,9.576959609985352
2.0,12.684642791748047
（中略）
19.0,65.46962738037111
20.0,68.57405853271484
```

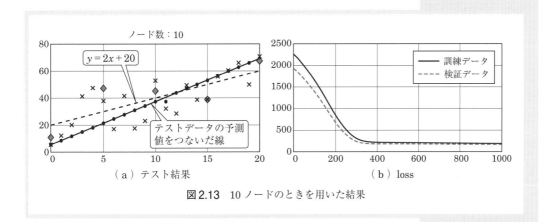

図2.13　10 ノードのときを用いた結果

まずこのグラフから学習不足について説明します。

学習不足　10 ノードを用いたときの図 2.13（b）は 300 エポック程度でグラフの傾きが一定となっています。このグラフから 300 エポックあれば学習はほぼ終了したといえます。しかしながら，100 エポックまでしか行わなかった場合はどうでしょう。その場合はまだグラフの傾きが一定になりません。学習不足は，基本的には右下がりのグラフで，epoch を増やせばまだ下がる状態のことです。これを防ぐには，エポック数を大きくすること以外にも，ノード数を増やすことも有効です。たとえば，この後示しますが，100 ノードを用いたときの loss（図 2.14（b））は 100 エポック程度でグラフの傾きが一定となっています。

次に，ノード数を 100 と 1000 に変えた結果を図 2.14 と図 2.15 にそれぞれ示します。

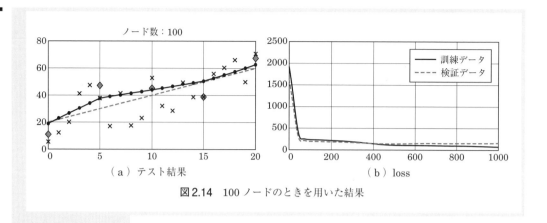

（a）テスト結果 　　　　　　　　　（b）loss

図2.14　100 ノードのときを用いた結果

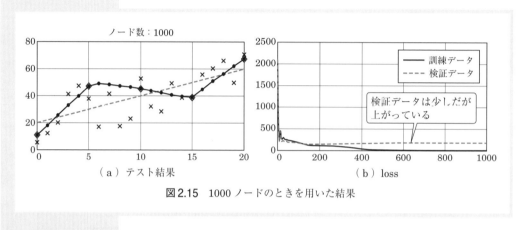

（a）テスト結果 　　　　　　　　　（b）loss

図2.15　1000 ノードのときを用いた結果

過学習　ノード数を増やしたりエポック数を大きくしたりすると学習不足が解消されますが，過学習が発生することがあります。先ほどの3つのグラフ（図2.13，図2.14，図2.15）を用いて過学習について説明します。図2.13（a）と図2.14（a）は検証データの間くらいに予測値があります。一方，図2.15（a）は訓練データにはぴったり合いますが，検証データとはほとんど合わなくなっています。過学習[18]とは学習しすぎて訓練データに合わせすぎてしまう状態のことです。過学習になっているかどうかは loss を見ることで判定できます。図2.13（b）と図2.14（b）は訓練データと検証データの値がともに小さくなり続けていますが，図2.15（b）は訓練データが小さく（このデータでは0に）なり検証データは逆に増加しています。このように検証データの値が増加した場合は過学習となっていることが多いです。

過学習を防ぐ工夫はたくさんありますが，簡単にできる方法として次の4つがあります。

- 適切なノード数と適切なエポック数にする
- 訓練データを増やす
- ドロップアウト（Dropout）を追加する

*18　過学習はオーバーフィッティング（overfitting）とも呼ばれています。

・重みの正則化を行う

　まず1つ目の適切なノード数と適切なエポック数になるように設定するには，たくさんの深層学習のスクリプトを作って感覚的に身に付ける必要があります。これは感覚的な問題ですので，作る人の技量に依存してしまいます[19]。

　2つ目の訓練データを増やす方法は効果的ですが，必ずしも増やせるとは限りません。たとえば，血液検査の結果から病気かどうかを判定する問題を扱う場合，血液検査の結果を簡単に増やせませんね。

　3つ目と4つ目の方法はTensorFlowのネットワークに追加できる機能です。それぞれについて紹介します。

　3つ目のドロップアウトという手法から説明します。

　まず，イメージをつかむため，例を示します。図2.16（a）に示すように10個のノードを持つDense層があったとします。ドロップアウトの設定により0.5（50%）のノードを使わなくするように設定すると，学習ごとに図2.16（b）に示す3つのネットワークのようにランダムに使わないノードを選択するようになります。この図では色が薄くなっているノードが計算に参加しないノードを意味しています。学習中に図2.16（a）のいずれかのようにネットワークに参加しないノードが選ばれるためにネットワークの構造が変わります。そんなことをしたら，学習がうまくいかなくなるように思うかもしれませんが，テストデータを入力したとき正答率が向上することが知られています。

＊19　研究者や開発者は問題を見ると大まかなノード数やエポック数などがわかります。

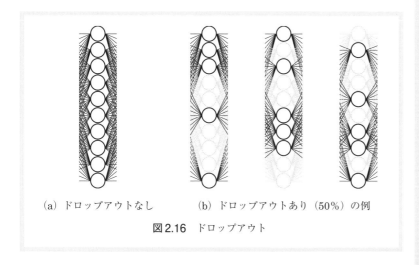

（a）ドロップアウトなし　　　（b）ドロップアウトあり（50%）の例

図2.16　ドロップアウト

　ドロップアウトを使うにはリスト2.10のようにkeras.layers.Dropout関数を追加することで行うことができます。この関数の引数は使わないノードの割合を示しています。

▶リスト2.10◀　回帰問題用学習スクリプト（Python用）: kaiki_dp.py

```
 1  （前略）
 2      # ネットワークの登録
 3      model = keras.Sequential(
 4          [
 5              keras.layers.Dense(1000, activation='relu'),
 6              keras.layers.Dropout(0.5),
 7              keras.layers.Dense(1000, activation='relu'),
 8              keras.layers.Dropout(0.5),
 9              keras.layers.Dense(1),
10          ]
11      )
12  （後略）
```

　　　　　　　　　　Dropout関数の設定を0.5（50%）とした場合の結果を図2.17に示します。少しだけ改善していることがわかります。

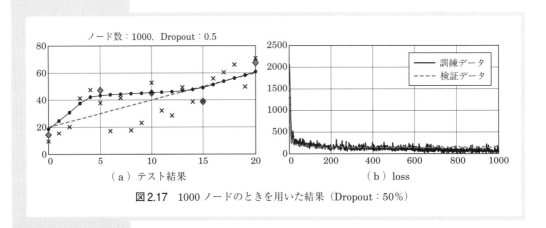

図2.17　1000ノードのときを用いた結果（Dropout: 50%）

　　　　　　　　　　さらに，Dropout関数の設定を0.8（80%）に変更した結果を図2.18に示します。過学習がなくなって求めたい直線が得られている様子がわかります。Dropoutを使うと過学習を防ぐことができる場合が多く，テスト結果がよくなることがありますので，ぜひ活用してみてください。

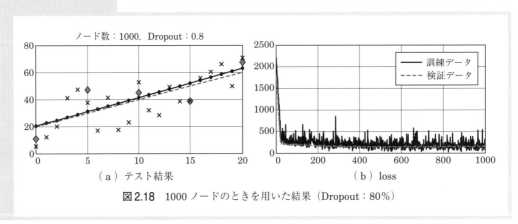

図2.18　1000ノードのときを用いた結果（Dropout: 80%）

最後に，4つ目の重みの正則化を行う方法について紹介します。重みの正則化には2種類あり，L1正則化とL2正則化と呼ばれています。深層学習では重みが重要であり，この正則化は重みに対して重みを0にするもしくはペナルティーを加えています。Dropoutのように使わないノードをランダムに選ぶ方法に比べれば，ペナルティーを与えるだけなのでずいぶん穏やかです。

図2.17に示すようにDropoutほどは劇的な改善は起きないことが多いですが，過学習になりにくい効果があります。

L2正則化を使うにはリスト2.11のようにkeras.layers.Dense関数の引数にkernel_regularizer=keras.regularizers.l2(0.1)を追加することで行うことができます。0.1はペナルティーの大きさを示しています。

▶リスト2.11◀　回帰問題用学習スクリプト（Python用）：kaiki_L2.py

```
1  （前略）
2      # ネットワークの登録
3      model = keras.Sequential(
4          [
5              keras.layers.Dense(1000, kernel_regularizer=keras.
                   regularizers.l2(0.1), activation='relu'),
6              keras.layers.Dense(1000, kernel_regularizer=keras.
                   regularizers.l2(0.1), activation='relu'),
7              keras.layers.Dense(1),
8          ]
9      )
10 （後略）
```

ペナルティーの大きさを0.1，0.01に変えた場合のlossを，L2正則化を用いなかった場合のlossと比較した結果が図2.19です。確かに過学習に至るまでの長さが変わっていることがわかります。しかしながら，エポック数が大きい場合は過学習になりますので，この例の場合はL2正則化を使っても図2.15（b）に示すような結果になりました。

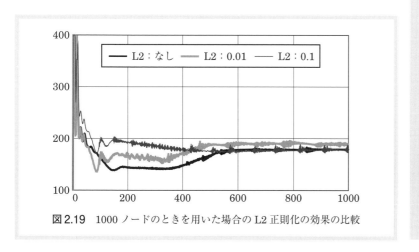

図2.19　1000ノードのときを用いた場合のL2正則化の効果の比較

第3章 TensorFlowによる深層強化学習の基本

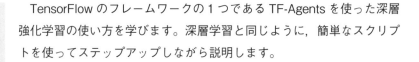

TensorFlow のフレームワークの1つである TF-Agents を使った深層強化学習の使い方を学びます。深層学習と同じように，簡単なスクリプトを使ってステップアップしながら説明します。

3.1 深層強化学習の基本構造

深層強化学習とは図1.1 に示したように，強化学習に深層学習を組み込んだものです。強化学習は良い状態と悪い状態だけ教えておくと後は自分で学習する学習方法です。すべてに答えを用意する必要がないため，半教師あり学習と呼ばれています。深層強化学習にもいろいろな種類がありますが，本書ではディープ Q ネットワーク（Deep Q-Network：DQN）を発展させたダブルディープ Q ネットワーク（Double Deep Q-Network：DDQN）を使います。

本書で扱う DDQN とは，Q ラーニングにディープラーニング（深層学習）を組み込んだものになります。ディープラーニングはニューラルネットワークから発展したものでした。ディープ Q ネットワークとはこれらの名前が合わさったものとなります。そして，それをさらに発展させたためダブルが付いています。

そのため，深層強化学習のスクリプトを作るには Q ラーニングとはどのようなものかを知っておく必要があります。まずは簡単な概念から説明し，この後の節で問題を数値で表す方法を説明します。

ここでは，図3.1 に示す迷路をロボット（強化学習では，エージェントと呼ばれることが多いです）が学習することとします。黒いところは壁で白い部分だけ通れます。そして，1マスずつ動くものとします。右→右と進めばゴールに到達します。迷路にしては簡単すぎますね。

それでは，Q ラーニングで重要となる Q 値について説明をしていきます。図3.1 の迷路では「右の Q 値：0」などが各マスに書かれています。はじめはすべて 0 となっています。この Q 値をエージェントが自動的に更新していきます。Q 値の役割は道しるべと思ってください。基本的には，Q 値が高い方に進む設定となっています。

なお Q 値は式（3.1）で更新されます。

$$Q \leftarrow (1-\alpha)\,Q + \alpha\,(r + \gamma \max Q) \tag{3.1}$$

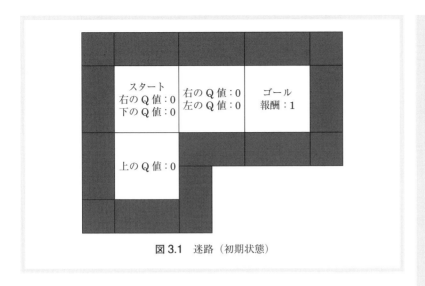

図 3.1 迷路（初期状態）

ここで，r は報酬，α（学習率）と γ（割引率）は定数，$\max Q$ は移動先の最大の Q 値です。なお以下では $\alpha = 0.8$，$\gamma = 0.5$ として説明を行います。

まず，図 3.1 の状態でスタートの位置にいるエージェントは道しるべに当たる 2 つの Q 値が同じなので，右に行けばよいのか下に行けばよいのかわかりません。わからないときは進む方向はランダムに決めます。たまたま右に進むことになったとしましょう。このとき報酬は得られず（$r = 0$），移動先の Q 値もすべて 0 なので，Q 値は 0 のままとなります。

その次も，Q 値が同じなので，右か左かわかりません。ここでもランダムに選んで，右が選ばれたとしましょう。

すると，ゴールに到達しました。ゴールに到達すると報酬がもらえま

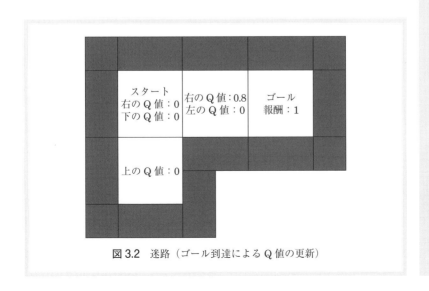

図 3.2 迷路（ゴール到達による Q 値の更新）

す。報酬をもらうと，1つ前の位置のQ値を図3.2のように書き換えます。これにより，右に行けばよいという道しるべができました。なお，これは更新の式 (3.1) に以下のように値を入れて計算した結果です。

$$Q \leftarrow (1 - 0.8) \times 0 + 0.8 \times (1 + 0.5 \times 0) = 0.8 \tag{3.2}$$

Qラーニングではゴールに到達すると，もう一度スタートからはじめることが多くあります。ここでもスタートから再度はじめます。

スタートの位置のQ値は右も下も同じなのでランダムに移動します。今回も右に進んだとしましょう。

右のマスのQ値の最も大きい値を調べてみましょう。右のQ値は0.8，左のQ値は0ですので最も大きいQ値は0.8となります。したがって，移動先のマスに道しるべを見つけましたので，1つ前（この例ではスタート位置）のQ値を図3.3のように更新します。なおこれは以下のように計算した結果です。

$$Q \leftarrow (1 - 0.8) \times 0 + 0.8 \times (0 + 0.5 \times 0.8) = 0.32 \tag{3.3}$$

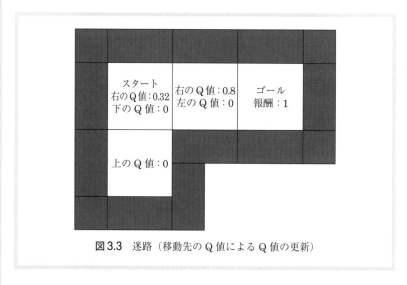

図3.3　迷路（移動先のQ値によるQ値の更新）

ここまでできると，スタートからゴールまでQ値の大きい値をたどれば到達できます。

エージェントはゴールしたら報酬をもらうという設定は人間が行いますが，エージェントはゴールをした際にもらった報酬を頼りに，その間の経路を自分で学んだこととなります。

人間が良い状態だけ決めておき，後は自分で学習していくという方法がQラーニングの考え方です。

強化学習では状態遷移図で表すことがよくあり，この次の節でも状態遷移図を用います。状態遷移図のイメージをつかみやすくするため，この節で説明した迷路問題を状態遷移図で示すと図3.4となります。詳しい説明は次節で行います。

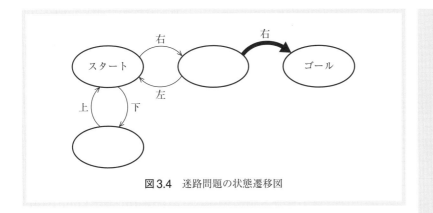

図3.4 迷路問題の状態遷移図

3.2 井戸問題

　井戸の水をくむ問題を例にとってさらに説明します。本書ではこの問題を**井戸問題**と呼ぶこととします。

問題設定

　図3.5（a）のように釣べ式の井戸があります。普通の釣べ式の井戸と違い，片方にしか桶が付いていません。図3.5（b）のように桶が付いている方の「紐を引く」と井戸から桶を上げることができ，その桶には水が入っています。図3.5（c）のように「桶を傾ける」と水が出てきますが，図3.5（d）のように一度傾けると水がなくなります。再度水をすくうには，おもりの付いている方の「紐を引いて」図3.5（a）のように桶を下げてから，桶の付いている方の「紐を引いて」図3.5（b）のように上げる必要があります。なお問題を簡単にするために，桶を上げるための紐を引く動作とおもりを上げるための紐を引く動作のどちらも区別なく「紐を引く」と表すこととします。

　この問題では，水が入っている桶を傾けて水が得られたときだけが唯一の良い行動であるという答えで，それ以外の動作には良いもしくは悪いという答えを用意していません。一方，深層学習ではすべてに答えを用意しておく必要があります。たとえば深層学習でこの問題を扱うためには，図3.5（a）（b）（d）のそれぞれの状態で桶を上げ下げする行動や傾ける行動に対しても，それぞれに正解／不正解という答えを用意しておく必要があります。このように，すべてに答えを用意するわけでなく，逆にすべてに答えを用意しないというわけでもないので，深層強化学習は半教師あり学習と呼ばれています。

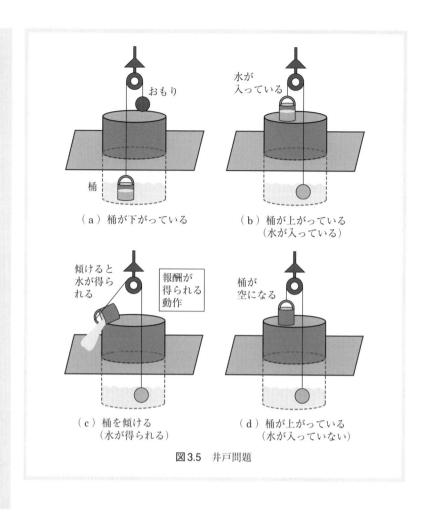

（a）桶が下がっている

（b）桶が上がっている
　　（水が入っている）

（c）桶を傾ける
　　（水が得られる）

（d）桶が上がっている
　　（水が入っていない）

図3.5　井戸問題

3.3　深層強化学習の基礎

　　深層強化学習の1つである DDQN を理解するには，Q ラーニングで用いられる**状態**，**行動**，**報酬**という3つの言葉を知っておく必要があります。

　　まずは，これらを井戸問題に照らし合わせながら説明します。状態とは，「桶が上がっている」のか「桶が下がっている」のか，「桶に水がある」のか「桶に水がない」のかという桶がどうなっているのかに相当します。なお，井戸問題ではこの「桶の上下」と「水のありなし」の組み合わせにより以下の3つの状態があります。

- 桶が下がっていて，水が入っている（図 3.5 (a)）
- 桶が上がっていて，水が入っている（図 3.5 (b)）
- 桶が上がっていて，水が入っていない（図 3.5 (d)）

なお，組み合わせで3つの状態しか記していないのは，桶が下がると水が入るため「桶が下がっていて，水が入っていない」という状態にはな

らないからです。

井戸問題での行動は以下の2つとなります。

- 紐を引く
- 桶を傾ける

そして，井戸問題の報酬は以下が生じたときに得られます。

- 水を得る

そのため，報酬を得るためには図3.5に示すように，桶を下げた後，桶を上げて水をくみ，それを傾けるという一連の行動が必要となります。

次に，井戸問題を図3.6に示す状態遷移図というもので表してみます。状態遷移図では丸印が状態を表し，矢印が行動を表しています。そして，行動の結果，報酬がもらえることがあります。この図では，報酬がもらえる行動は太い矢印，もらえない行動は細い矢印で示しています。

それでは，状態遷移図を見ていきましょう。図の左にある「桶：下，水：有」と書いてある丸の部分が最初の状態とします。これは桶が下にあり，水が入っている状態を示しています。状態の横に書かれている数字は状態を数値で表したもので，3.4節で説明します。

この状態（「桶：下，水：有」）で桶を傾ける行動を考えます。この場合，桶が下がっているので水は得られませんね[*1]。そのため，図3.6の左端にある矢印で示すように桶を傾ける行動は「桶：下，水：有」（図3.5 (a)）の状態から出てもとの状態へ戻る矢印となります。

では，「桶：下，水：有」（図3.5 (a)）の状態で紐を引く行動をしたとします。この場合は，桶が上がります。その結果，桶が上がった状態を表す「桶：上，水：有」（図3.5 (b)）の状態に遷移します。この状態は図3.6の3つの丸印の中央にあります。

「桶：上，水：有」（図3.5 (b)）の状態にあるときに桶を傾ける行動をとることを考えます。この場合は桶が上がっていますので水を得ることができます。この行動は図3.6の中央の丸から右の丸への矢印で示されています。水を得たということは「報酬を得た」ことを意味します

*1　下にあるので傾けることはできません。

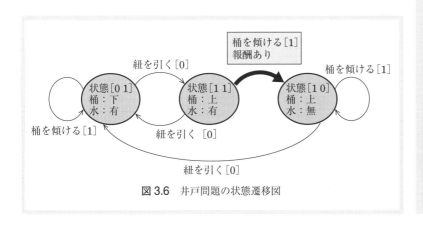

図3.6　井戸問題の状態遷移図

（図 3.5（c））。そのため，報酬を得たことを示す太い矢印となります。また，水を得るので，この行動の後は桶に水がなくなります。このことから，図 3.6 の右側の丸で表す「桶：上，水：無」（図 3.5（d））の状態に遷移します。

さらに，桶を傾ける行動をしても水がないので状態も変わらず報酬も得られません（図 3.6 の右側のもとの丸に戻る矢印）。そして，紐を引くと，「桶：下，水：有」（図 3.5（a））の状態に遷移します。

3.4　問題を数値で表現

DDQN のスクリプトを作るときには状態，行動，報酬を数値で表すことが必要となります。

(1) 状態を数値で表す

状態は 2 つの数値の組み合わせで表すこととします。ここでは，桶が上がっている状態を 1，下がっている状態を 0 とします。そして，水がある状態を 1，ない状態を 0 とします。このように設定すると以下のように状態を数値で表すことができます。

数値　state[0]　state[1]		意味
0	1	桶：下，水：有
1	1	桶：上，水：有
1	0	桶：上，水：無
0	0	桶：下，水：無（実際にはこの状態にならない）

(2) 行動を数値で表す

井戸問題では「紐を引く行動」と「桶を傾ける行動」の 2 つがありました。そこで次のように 0，1 で表すこととします。

数値　action	意味
0	紐を引く
1	桶を傾ける

(3) 報酬を数値で表す

報酬は水を得たときのみ与えることとします。そこで，報酬は次ページのように表すこととします。報酬は 100 などの大きな値にすることもできますが，深層強化学習では報酬は $-1 \sim +1$ の間にすることが望ましいとされています。なお，マイナスの報酬は悪い状態となる行動を

したときに与えることもできます*2。

数値 reward	意味
1	水を得たとき （「桶：上，水：有」の状態で「桶を傾ける」行動をしたとき）
0	それ以外の行動をしたとき

*2　たとえば悪い状態とは，はじめに示した迷路問題では壁の方向に進む行動です。井戸問題では悪い状態は設定しません。

3.5　TensorFlow で実現する準備

　強化学習では「状態」，「行動」，「報酬」の3つが重要であることを説明しました。これに加えて，強化学習を理解するうえで重要な言葉として，「エージェント」と「環境」があります。TensorFlow の深層強化学習のスクリプトではこの2つの関係がわかっていると理解しやすくなりますので，図3.7を使いながら説明します*3。

　まずはイメージを付けるためにエージェントと環境という言葉を簡単に説明します。「エージェント」とはその環境で動く人やロボットのことを示します。井戸問題では紐を引いたり，桶を傾けたりするロボットがそれにあたります。「環境」とはエージェントが働く世界を示します。井戸問題では井戸の桶の位置や水があるかどうかにあたります。

*3　概念を説明するために「エージェント」と「環境」を限定的にしています。実際にはもっと大きな概念を持った言葉です。

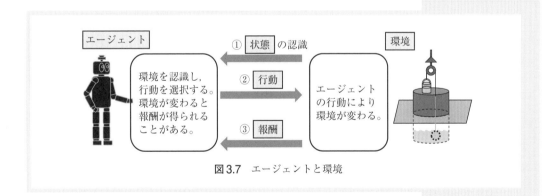

図3.7　エージェントと環境

　それでは，重要な5つの言葉（エージェント，環境，状態，行動，報酬）の関連性を図中の3つの矢印と対応させながら説明します。

①「状態の認識」の矢印

　　エージェントが環境の状態を認識している（情報が環境からエージェントへ伝わっている）ことを表しています。井戸問題では桶の位置と水が入っているかどうかを認識することにあたります。

②「行動」の矢印

　　エージェントの行動が環境に影響を与えている（環境を変えてい

る）ことを表しています。井戸問題では紐を引いたり桶を傾けたりすることにあたります。

③「報酬」の矢印

エージェントの行動によって報酬が得られたかどうかをエージェントが知ることを表しています。井戸問題では桶に水があり，かつ上にあり，傾けた場合のみ報酬が得られます。

このように，エージェントが行動して環境が変わることを繰り返すものが強化学習の枠組みとなります。

強化学習のエージェントがうまく動作するためにはエージェントをいかに賢くするかがカギとなります。ここで，賢くなるためにはたくさんの学習データが必要になりそうです。たとえば，人間がテレビゲームをやりながら上手になるときにやっていることを，図3.8を用いて考えてみましょう。テレビゲームはこの図のように何度も失敗と成功を繰り返しながら，その経験をもとに学習してうまくなっていきます。つまり，「どのような行動をして成功または失敗したのか」を大量にデータとして集めてそれを利用しています。この図でいうと吹き出しがデータになります。強化学習も人間と同様に，「これまでどのような行動をとったから報酬が得られたのか」を覚えておいて，その報酬が得られるまでの行動手順（これを「**エピソード**」と呼びます）をうまく利用します。

深層強化学習を行うときには図3.9のようにエージェントは大量にエピソードを集めて（図中の①），それを使ってエージェントが深層学習で学習する（図中の②）点がポイントとなります。さらに，深層強化学習を行うときには環境を作る必要があります。パソコンだけで行うシミュレータの場合は環境のスクリプトが必要となり，センサやモータを

①試行錯誤をしながらたくさん経験する

1回目はまっすぐ行って敵に当たってゲームオーバー

2回目はジャンプしたけど敵に当たってゲームオーバー

3回目はジャンプして敵を倒した！

4回目は・・・・

n回目は・・・・

②これらの経験（エピソード）をもとにうまくなる

図3.8　大量の経験（エピソード）をもとに学習

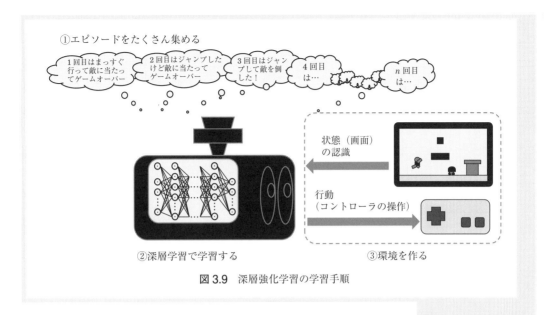

①エピソードをたくさん集める

1回目はまっすぐ行って敵に当たってゲームオーバー

2回目はジャンプしたけど敵に当たってゲームオーバー

3回目はジャンプして敵を倒した！

4回目は…

n回目は…

状態（画面）の認識

行動（コントローラの操作）

②深層学習で学習する

③環境を作る

図 3.9 深層強化学習の学習手順

使うときには実際のものが環境となります。シミュレータで行う場合も実際のものを動かす場合でも環境を構築することが必要となります。この図の例では，状態を認識して（画面を見て），行動（コントローラを操作）すること（図中の③）を実現することが環境の構築になります。

以上から TensorFlow で深層強化学習を実現するには以下の3点の設定と学習を行う必要があります。

- 環境の設定
- エージェントの設定（深層学習の設定）
- データの記録の設定（エピソードの記録の設定）
- 学習（以下の処理を繰り返す）
  ① 今の環境を認識して次の行動を決める（図 3.7 の①の矢印）
  ② 行動して環境を変える（図 3.7 の②の矢印）
  ③ 行動に対する報酬を得る（図 3.7 の③の矢印）
  ④ 報酬と行動を合わせてエピソードとして学習する

3.6 深層強化学習の学習スクリプト

学習スクリプトをリスト 3.1 に示します。深層強化学習のスクリプトは大別すると，以下の6つの部分に分けることができます。

- ライブラリなどの設定
- 環境の設定
- エージェントの設定
- データの記録の設定

- 学習
- ポリシー（深層学習のモデルに相当）の保存

　深層学習のスクリプトに比べてかなり長いですが，読者の皆様がご自身で作る工作のスクリプトに応用できるように1つずつ説明していきます。また，最初の部分に TensorFlow で深層強化学習を行うときに必要になるライブラリが多くありますので余計長く見えます。

▶リスト3.1◀　井戸問題（Python 用）：ido.py

```
1   import tensorflow as tf
2   from tensorflow import keras
3
4   from tf_agents.environments import py_environment, tf_py_environment,
        wrappers
5   from tf_agents.agents.dqn import dqn_agent
6   from tf_agents.networks import network, q_network
7   from tf_agents.replay_buffers import tf_uniform_replay_buffer
8   from tf_agents.policies import policy_saver
9   from tf_agents.trajectories import time_step as ts
10  from tf_agents.trajectories import trajectory
11  from tf_agents.specs import array_spec
12  from tf_agents.utils import common
13  from tf_agents.drivers import dynamic_step_driver
14
15  import numpy as np
16  # 毎回同じ結果にするための設定
17  # import random
18  # seed = 1
19  # random.seed(seed)
20  # np.random.seed(seed)
21  # tf.random.set_seed(seed)
22  # 環境の設定
23  class EnvironmentSimulator(py_environment.PyEnvironment):
24      # 初期化
25      def __init__(self):
26          super(EnvironmentSimulator,self).__init__()
27          # 状態の設定
28          self._observation_spec = array_spec.BoundedArraySpec(
29                  shape=(2,), dtype=np.int32, minimum=[0,0],
                        maximum=[1,1]  # 次元数，タイプ，最小値，最大値
30          )
31          # 行動の設定
32          self._action_spec = array_spec.BoundedArraySpec(
33                  shape=(), dtype=np.int32, minimum=0, maximum=1
34          )
35          # 状態を初期値に戻すための関数の呼び出し
36          self._reset()
37      # 状態のリストを戻す関数（この本では変更しない）
38      def observation_spec(self):
39          return self._observation_spec
40      # 行動のリストを戻す関数（この本では変更しない）
41      def action_spec(self):
42          return self._action_spec
43      # 状態を初期値に戻すための関数
44      def _reset(self):
45          self._state=[0,1]# 桶：下，水：有
46          return ts.restart(np.array(self._state, dtype=np.int32))
47      # 行動の関数
```

第3章　TensorFlowによる深層強化学習の基本

```
48    def _step(self, action):
49        next_state = self._state.copy()
50        reward = 0
51        #行動による状態遷移
52        if self._state[0] == 0 and self._state[1] == 1: #桶：下，水：有
53            if action == 0: #紐を引く
54                next_state[0] = 1 #桶が上になる
55        elif self._state[0] == 1 and self._state[1] == 1: #桶：上，水：有
56            if action == 0:  #紐を引く
57                next_state[0] = 0 #桶が下になる
58            elif action == 1: #桶を傾ける
59                next_state[1] = 0 #水がなくなる
60                reward = 1 #【報酬を得る】
61        elif self._state[0] == 1 and self._state[1] == 0: #桶：上，水：無
62            if action == 0: #紐を引く
63                next_state[0] = 0 #桶が下になる
64                next_state[1] = 1 #水が入る
65        #状態を更新
66        self._state = next_state
67        #戻り値の設定
68        return ts.transition(np.array(self._state, dtype=np.int32),
              reward=reward, discount=1)
69  #エージェントの設定
70  class MyQNetwork(network.Network):
71      #初期化
72      def __init__(self, observation_spec, action_spec, name='QNetwork'):
73          q_network.validate_specs(action_spec, observation_spec)
74          n_action = action_spec.maximum - action_spec.minimum + 1
75          super(MyQNetwork,self).__init__(
76              input_tensor_spec=observation_spec,
77              state_spec=(),
78              name=name
79          )
80          #ネットワークの設定
81          self.model = keras.Sequential(
82              [
83                  keras.layers.Dense(10, activation='relu'),
84                  keras.layers.Dense(10, activation='relu'),
85                  keras.layers.Dense(n_action),
86              ]
87          )
88      #モデルを戻す関数（この本ではほぼ変更しない）
89      def call(self, observation, step_type=None, network_state=(),
            training=True):
90          return self.model(observation, training=training),
              network_state
91  #メイン関数
92  def main():
93      #環境の設定
94      env = tf_py_environment.TFPyEnvironment(
95          wrappers.TimeLimit(
96              env=EnvironmentSimulator(),
97              duration=15 # 1エピソードで行われる行動の数
98          )
99      )
100     #ネットワークの設定
101     primary_network = MyQNetwork(
102         env.observation_spec(),
103         env.action_spec()
104     )
105     #ネットワークの概要の出力（必要ない場合はコメントアウト）
```

```
106     #primary_network.build(input_shape=(None,
            *(env.observation_spec().shape)))
107     #primary_network.model.summary()
108     #エージェントの設定
109     n_step_update = 1
110     agent = dqn_agent.DdqnAgent(
111         env.time_step_spec(),
112         env.action_spec(),
113         q_network=primary_network, #設定したネットワーク
114         optimizer=keras.optimizers.Adam(learning_rate=1e-2), #最適化関数
115         n_step_update=n_step_update, #更新頻度
116         epsilon_greedy=1.0,
117         target_update_tau=1.0, #更新する頻度を設定する係数
118         target_update_period=10, #どのくらい前のネットワークを用いて更新するかの設定
119         gamma=0.8, # Q値の更新のためのパラメータ
120         td_errors_loss_fn = common.element_wise_squared_loss,
121         train_step_counter = tf.Variable(0)
122     )
123     #エージェントの初期化
124     agent.initialize()
125     agent.train = common.function(agent.train)
126     #エージェントの行動の設定（ポリシーの設定）
127     policy = agent.collect_policy
128     #データの記録の設定
129     replay_buffer = tf_uniform_replay_buffer.TFUniformReplayBuffer(
130         data_spec=agent.collect_data_spec,
131         batch_size=env.batch_size, #バッチサイズ
132         max_length=10**6
133     )
134     # TensorFlow学習用のオブジェクトへの整形
135     dataset = replay_buffer.as_dataset(
136         num_parallel_calls=3,
137         sample_batch_size=32,
138         num_steps=n_step_update+1
139     ).prefetch(3)
140     #データ形式の整形
141     iterator = iter(dataset)
142     #replay_bufferの自動更新の設定
143     driver = dynamic_step_driver.DynamicStepDriver(
144         env,
145         policy,
146         observers=[replay_buffer.add_batch],
147     )
148     driver.run(maximum_iterations=50)
149     #変数の設定
150     num_episodes = 50 #エピソード数
151     line_epsilon = np.linspace(start=1, stop=0, num=num_episodes)
            #ランダム行動の確率
152     #エピソードの繰り返し
153     for episode in range(num_episodes):
154         episode_rewards = 0 # 1エピソード中の報酬の合計値の初期化
155         episode_average_loss = [] #平均lossの初期化
156
157         time_step = env.reset() #エージェントの初期化
158         policy._epsilon = line_epsilon[episode] #ランダム行動の確率の設定
159         #設定した行動回数の繰り返し
160         while True:
161             policy_step = policy.action(time_step) #現在の状態から次の行動
162             next_time_step = env.step(policy_step.action) #行動から次の状態
163             #エピソードの保存
164             traj = trajectory.from_transition(time_step, policy_step,
                next_time_step)
```

```
165    replay_buffer.add_batch(traj)
166    #実行状態の表示（学習には関係しない）
167    S = time_step.observation.numpy().tolist()[0] #現在の状態
168    A = policy_step.action.numpy().tolist()[0] #行動
169    R = next_time_step.reward.numpy().astype('int').tolist()[0]
           #報酬
170    S_ = next_time_step.observation.numpy().tolist()[0] #次の状態
171    print(S, A, R, S_)
172    #学習
173    experience, _ = next(iterator) #エピソードの取り出し
174    loss_info = agent.train(experience=experience) #学習
175    # lossと報酬の計算
176    episode_average_loss.append(loss_info.loss.numpy())
177    episode_rewards += R
178    #終了判定
179    if next_time_step.is_last(): #設定した行動回数に達したか？
180        break
181    else:
182        time_step = next_time_step #次の状態を現在の状態にする
183    #行動終了後の情報の表示
184    print(f'Episode:{episode+1}, Rewards:{episode_rewards},
           Average Loss:{np.mean(episode_average_loss):.6f},
           Current Epsilon: {policy._epsilon:.6f}')
185    #ポリシーの保存
186    tf_policy_saver = policy_saver.PolicySaver(policy=agent.policy)
187    tf_policy_saver.save(export_dir='policy')
188
189 if __name__ == '__main__':
190    main()
```

（1）ライブラリなどの設定

まず，1〜17行目でライブラリの設定を行っています。特に，4〜13行目が深層強化学習用のライブラリです。

また，17〜21行目はコメントアウトしてありますが，このコメントアウトを外すと学習時の初期値が常に同じになるため，毎回同じ学習結果が得られます。デバッグをするときにお使いください。

（2）環境の設定

エージェントが行動したら環境が変わることをシミュレーションするためのスクリプトを作っておく必要があります。これはシミュレータと呼ばれます。23〜68行目のEnvironmentSimulator（直訳すると「環境シミュレータ」）クラスがそれにあたります。そして，94〜99行目でenvオブジェクトを生成しています。なお，97行目で設定したdurationが1エピソードで繰り返す行動の回数となります。

このクラスでは5つのことを設定する必要があります*4。

__init__メソッド（25〜36行目）　状態と行動について設定します。

それぞれ，次元数，タイプ，最小値，最大値の4つの設定を行います。

状態（_observation_spec）に関しては次元数は2次元ですのでshape =(2,)，タイプはint32，最小値は [0, 0]，最大値は [1, 1] として設定

*4　このほかの設定項目もありますが，本書では最低限の設定だけ行います。

しています。同様に，行動（action_spec）に関しては次元数は1次元ですので shape=()，タイプは int32，最小値は 0，最大値は 1 として設定しています。そして，初期状態の設定を以下で説明する _reset 関数を呼び出すことで行っています。

observation_spec メソッド（38，39行目） 設定した状態に関するリストを戻すように設定します。

action_spec メソッド（41，42行目） 設定した行動に関するリストを戻すように設定します。

_reset メソッド（44〜46行目） 深層強化学習では何度もエピソードを繰り返す必要があります。エピソードをはじめるときには初期状態に戻す必要があります。このメソッドは初期値の設定を行い，戻り値として初期状態を戻しています。なお，初期状態として [0, 1]（桶：下，水：有）を設定しています。

_step メソッド（48〜68行目） 行動したときの状態の変化を定義しています。重要な部分なので細かく見ていきましょう。なお，state[0] は桶の状態，state[1] は水の状態を表しています。まず，現在の状態を表す _state を次の状態を表す next_state 変数にコピーしています。step 関数内の最初の if 文は，図 3.6 の左の「桶：下，水：有」の状態（state[0]=0, state[1]=1）にあるときの条件となります。このときに action が 0，つまり紐を引く行動をすると桶が上がってきますので，図 3.6 の真ん中の「桶：上，水：有」の状態（state[0]=1, state[1]=1）に遷移します。また，図 3.6 の左の「桶：下，水：有」の状態（state[0]=0, state[1]=1）のときに桶を傾ける行動をしても何も起きません。この行動は図 3.6 の左の状態から同じ状態に戻る左端にある矢印で示しています。55 行目の elif 文は図 3.6 の中央の「桶：上，水：有」の状態（state[0]=1, state[1]=1）にあるときの条件となります。紐を引く行動をすると（action=0），桶が下がりますので，図 3.6 の左の「桶：下，水：有」の状態（state[0]=0, state[1]=1）に戻ります。一方，桶を傾ける行動をすると（action=1），水が得られます。水が得られたときには報酬がもらえます。そこで，報酬を与えるための変数として用いている reward 変数に 1 を代入します。さらに，桶の水がなくなるので，図 3.6 の右の「桶：上，水：無」の状態（state[0]=1, state[1]=0）に遷移します。61 行目の elif 文は図 3.6 の右の「桶：上，水：無」の状態（state[0]=1, state[1]=0）にあるときの条件となります。このときには紐を引く行動をすると桶が下がりますので，図 3.6 の左の「桶：下，水：有」の状態（state[0]=0, state[1]=1）に戻ります。一方，桶を傾ける行動をしても水が入っていないので何も起きません。そのため，図 3.6 の右の「桶：上，水：無」

の状態（state[0]=1, state[1]=0）のままとなります。状態を変更した後 next_state を _state にコピーしています。

　最後に戻り値を設定しています。ts.transition 関数で状態を表す変数を作成しています*5。

（3）エージェントの設定

　エージェントの設定は4か所で行います。

（a）ネットワークの設定（クラスの設定）

　まず，ネットワークの設定の説明から行います。ネットワークを設定するクラスは70〜90行目の MyQNetwork クラスに書かれています。72〜87行目の __init__ メソッドでは以下の3つの設定を行っています。

行動と状態の設定（73 行目） 行動の設定（action_spec）と状態の設定（observation_spec）を q_network.validate_specs 関数で設定しています。

行動数の設定（74 行目） 出力次元数は行動の数にする必要があります。そこで，行動の最大値と最小値の差を計算することで行動数を求めています。

ネットワークの設定（81〜87 行目） ネットワークの設定は深層学習と同じ方法で行います。ここでは中間層としてノード数は 10 の全結合層（Dense 層），活性化関数は ReLU を用いています（83 行目）。さらに，これと同じ層をもう 1 層用いています（84 行目）。出力層には行動の数をノード数として持つ全結合層（Dense 層）を設定しています（85 行目）。深層学習では出力層の活性化関数としてソフトマックス（softmax）関数を設定していましたが，深層強化学習では必要ないことに注意してください。

　89，90 行目の call メソッドでは設定したモデルを戻しています。これは定型ですので，たいていの場合，このまま使うとよいでしょう。

（b）ネットワークの設定（オブジェクトの設定）

　次に，設定したクラスのオブジェクトの説明を行います。これは 101 〜104 行目で primary_network オブジェクトとして設定しています。引数は EnvironmentSimulator で設定した状態（env.observation_spec()）と行動（env.action_spec()）です。

（c）エージェントの設定（DDQN を組み込む設定）

　3つ目に，エージェントに深層強化学習の手法の1つである DDQN を組み込んでいる部分の説明を行います。これは 110 〜122 行目で設定しています。

　設定するべき値が多くありますが，ここでは重要なパラメータのみ説明します。

*5　状態によって学習を終了させるときは ts.termination 関数を用います。ただし，この節の課題では行動の回数によって学習を終了させますので，ts.termination 関数を用いません。

3.6　深層強化学習の学習スクリプト

表 3.1 TensorFlow で使える深層強化学習の手法

関数名	名前
DQN	Deep Q-Network
DDQN	Double DQN
REINFORCE	Williams's episodic REINFORCE
DDPG	Deep Deterministic Policy Gradient
TD3	Twin Delayed DDPG
PPO	Proximal Policy Optimization
SAC	Soft Actor-Critic

q_network　設定したネットワークを登録しています。

optimizer　学習する際の最適化関数を選ぶことができます。ここでは Adam を用いています。ほかには表 3.1 に示す手法が使えます[*6]。

target_update_tau　Q ネットワークの更新頻度を設定する係数です。

target_update_period　Q ネットワークを更新する際に，ここで設定したステップ数前のネットワークを使って更新します。ここでは，過去の行動の価値をターゲットとして学習します。学習を安定化させるためにこのような学習方法がとられます（fixed target Q-Network と呼ばれる工夫です）。

gamma　式（3.1）で示した Q 値の更新のためのパラメータ（割引率）です。

(d) エージェントの設定（初期化の設定）

最後に，124，125 行目で初期化（agent.initialize 関数）と学習の設定（agent.train = common.function(agent.train)）を行っています。

(4) データの記録の設定

データの記録の設定は 129〜148 行目で行っています。記録するデータは replay_buffer と呼ばれます。

129 行目の tf_uniform_replay_buffer.TFUniformReplayBuffer 関数は，深層強化学習を行うために一時的にデータを保存する変数の数を引数で決めています。ここでは 10^6 個のデータを保存する領域を確保しています。そして，保存したデータをどのように選ぶかを決めています。TFUniformReplayBuffer 関数は，保存しているすべてのデータが等しい確率で取り出されるように設定する関数です。なお，保存されたデータを選ぶほかの方法として，EpisodicReplayBuffer 関数があります[*7]。また，引数の中の batch_size は深層学習を効率的に行うための変数です[*8]。この値を変えるとうまく学習できることがあります。

135 行目の replay_buffer.as_dataset 関数は replay_buffer オブジェ

*6　最適化関数の内容を短い言葉で正確に表すことは難しいため，ここでは名前を紹介するにとどめます。詳しくはホームページ（https://github.com/tensorflow/agents）を参照してください。執筆時は Chainer の方が充実しています。

*7　Chainer ではデータに優先順位をつけて選ぶ PrioritizedReplayBuffer や PrioritizedEpisodicReplayBuffer 方法も実装されています。TensorFlow は今後に期待です。

*8　深層学習のスクリプトをたくさん作るうちにいくつくらいにすればよいか感覚的にわかる設定の難しい値です。

クトを TensorFlow 学習用の「tf.data.Dataset」というオブジェクトに整形します。

143，148 行目の driver では replay_buffer の自動更新の設定を行っています。

（5）学習

（4）までで設定が終わりました。いよいよ学習部分の説明を行います。

150 行目では繰り返すエピソード数を決めています。これは 151 行目のε-greedy 法のεに相当する値と 153 行目の for 文の 2 か所で用いられるため，変数で設定しています。

151 行目ではε-greedy 法のεに相当する値を決めています。最初は 1（完全にランダムで行動が選ばれる）とし，最後が 0（ランダムな行動は行わない）となるように少しずつ小さくしています。

153 行目の for 文で設定した回数だけエピソードを繰り返します。このスクリプトでは 50 回としています。154～158 行目では初期状態を決めています。env.reset() 関数の戻り値が初期状態を表すリストとなります。このリストには状態以外にも行動や報酬など，深層強化学習で必要なさまざまな変数が含まれています。この戻り値を time_step とし，この変数が現在の状態を表しています。そして，policy._epsilon = … は行動がランダムに選ばれる確率を設定しています。強化学習ではここで設定したように，はじめはランダムに行動する確率を高くして，徐々に小さくしていく方法（ε-greedy 法）がよく用いられます。

160 行目の while 文は 97 行目で設定した 1 回のエピソード中の行動の回数（15 回）だけ繰り返すための無限ループです。設定した行動回数に達したかどうかは 179 行目の if 文で判定します。

161 行目の policy.action 関数は状態などのリストを入力すると次の行動などを含むリスト（policy_step）を出力します。162 行目の step 関数は上記で述べた，筆者が作った関数となります。この関数は，次の行動（policy_step.action）を入力すると次の状態などのリスト（next_time_step）が得られる関数です。

164 行目は現在の状態，次の行動，次の状態を表すリストを入力としてエピソードを作成するための関数で，165 行目でそれを replay_buffer に追加しています。

167～171 行目は実行状態を表すためのスクリプトです。S は現在の状態，A は次の行動，R は報酬，S_ は次の状態です[*9]。

173，174 行目が学習の部分となります。173 行目で next(iterator) とすることで学習に用いる複数のエピソードを取り出しています。174

*9　S，A，R，S_は学習状態を表示するために設定した変数ですので，必ずしも必要な処理ではありません。

行目の agent.train 関数で学習を行っています。

　ここで，ポイントの1つに，1回の試行で行う行動の回数の決め方が
あります。この回数の設定方針として，1回の試行で報酬を5回以上も
らえるような回数にしておくとうまく学習できます。つまり，試行回数
あたりの行動回数が少ない場合はうまく学習できません。たとえば，97
行目で設定した行動の回数（リスト3.1では15）を5に設定すると，う
まく学習できないことが多くありました。

　そして，設定した回数だけ行動すると，エピソード数，報酬，平均
loss，現在の ε の値を表示させています。

（6）ポリシーの保存

　ポリシーとは深層学習のモデルに相当するファイル群です。これを読
み込むことにより，学習済みのエージェントを実現できます。186，187
行目で学習済みのポリシーを出力しています。この学習済みポリシーは
3.7節で利用します。

　実行すると以下のような表示が得られます。

＊「← 紐を引く」などの
部分は筆者が説明のために
追加したコメントですの
で，実際には表示されませ
ん。

```
> python ido.py
[0, 1] 1 0 [0, 1] ← 桶を傾ける（何も起きない）
[0, 1] 1 0 [0, 1] ← 桶を傾ける（何も起きない）
[0, 1] 1 0 [0, 1] ← 桶を傾ける（何も起きない）
[0, 1] 0 0 [1, 1] ← 紐を引く（桶が上がる）
[1, 1] 1 1 [1, 0] ← 桶を傾ける【報酬が得られる：1】
[1, 0] 0 0 [0, 1] ← 紐を引く（桶が下がる）
[0, 1] 1 0 [0, 1] ← 桶を傾ける（何も起きない）
[0, 1] 1 0 [0, 1] ← 桶を傾ける（何も起きない）
[0, 1] 1 0 [0, 1] ← 桶を傾ける（何も起きない）
[0, 1] 0 0 [1, 1] ← 紐を引く（桶が上がる）
[1, 1] 0 0 [0, 1] ← 紐を引く（桶が下がる）
[0, 1] 0 0 [1, 1] ← 紐を引く（桶が上がる）
[1, 1] 0 0 [0, 1] ← 紐を引く（桶が下がる）
[0, 1] 1 0 [0, 1] ← 桶を傾ける（何も起きない）
[0, 1] 0 0 [1, 1] ← 紐を引く（桶が上がる）
Episode:1, Rewards:1, Average Loss:0.028322,
    Current Epsilon: 1.000000
（中略）
[0, 1] 0 0 [1, 1] ← 紐を引く（桶が上がる）
[1, 1] 1 1 [1, 0] ← 桶を傾ける【報酬が得られる：1】
[1, 0] 0 0 [0, 1] ← 紐を引く（桶が下がる）
[0, 1] 0 0 [1, 1] ← 紐を引く（桶が上がる）
[1, 1] 1 1 [1, 0] ← 桶を傾ける【報酬が得られる：2】
[1, 0] 0 0 [0, 1] ← 紐を引く（桶が下がる）
[0, 1] 0 0 [1, 1] ← 紐を引く（桶が上がる）
[1, 1] 1 1 [1, 0] ← 桶を傾ける【報酬が得られる：3】
[1, 0] 0 0 [0, 1] ← 紐を引く（桶が下がる）
[0, 1] 0 0 [1, 1] ← 紐を引く（桶が上がる）
[1, 1] 1 1 [1, 0] ← 桶を傾ける【報酬が得られる：4】
```

```
[1, 0] 0 0 [0, 1]  ← 紐を引く（桶が下がる）
[0, 1] 0 0 [1, 1]  ← 紐を引く（桶が上がる）
[1, 1] 1 1 [1, 0]  ← 桶を傾ける【報酬が得られる：5】
[1, 0] 0 0 [0, 1]  ← 紐を引く（桶が下がる）
Episode:50, Rewards:5, Average Loss:0.007267,
    Current Epsilon: 0.000000
```

　説明のために [a, b] c d [e, f] と表します。[a, b] は行動前の状態を表しています。c は行動，d はその行動により得られる報酬を表しています。そして，[e, f] は行動後の状態を表しています。

　ここでは 3 回目の行動に相当する，3 行目の [0, 1] 1 0 [0, 1] の部分に着目します。はじめの [0, 1] は行動前の状態を表していて，これは図 3.6 に示す左の「桶：下，水：有」の状態を表しています。次の 1 は行動を表しています。1 は桶を傾ける行動に相当しますので図 3.6 の左の状態から同じ状態に戻る矢印の行動をしたことになります。その次の 0 は報酬を表します。この場合は報酬が得られないので 0 となっています。最後の [0, 1] は行動によって遷移した状態を表しています。今回の行動では同じ状態に遷移しています。

　同様にして 4 行目の [0, 1] 0 0 [1, 1] では紐を引く行動（0 の行動）を行っているので図 3.6 の真ん中の「桶：上，水：有」の状態に遷移していることが示されています。

　5 行目の [1, 1] 1 1 [1, 0] では「桶：上，水：有」の状態で桶を傾ける行動をしていますので，図 3.6 の右の「桶：上，水：無」の状態に遷移していることが示されています。さらに，このとき報酬が得られています。

　15 回の行動を 1 回のエピソード（episode）としています。エピソードが終わると Episode からはじまる行が表示されます。ここで Rewards は 1 回のエピソードで得られた報酬の合計を表しています。1 回目の試行では 1 の報酬が得られました。

　これを 50 回繰り返します。50 回目のエピソードでは，「紐を引く」（0）→「桶を傾ける」（1）→「紐を引く」（0）→「紐を引く」（0）→「桶を傾ける」（1）→ …と行動しているため，図 3.6 の左→中央→右→左→中央→右→…という具合に無駄のない水くみ動作が実現できています。そのため，報酬の合計（Rewards）が 5 となっています[*10]。

　また，この実行結果で確認すべき点として，Average Loss があります。Average Loss とは深層学習の学習結果の良し悪しを判定する際に必要となる値の平均を表しています。この値が 0 に近づくと学習が進んでいることになります。

　なお，各ステップの行動が必要ない場合はリスト 3.1 の 171 行目の print 文をコメントアウトしてください。

*10　最大の報酬は試行回数に 1 を足して 3 で割った商となります。15 の場合は 5 となります。

3.7　学習済みポリシーの使用

　2章で示した深層学習と同様に，深層強化学習でも深層学習の学習済みモデルに相当する「学習済みポリシー」を使って行動を決めることができます。学習済みポリシーはリスト3.1の186，187行目で出力しています。ここでは，リスト3.1の実行後にできる学習済みポリシー（policyフォルダの中にあるファイル）を使う方法を示します。これにより，学習済みの行動を獲得した状態で行動を決めることができるようになります。そのリストをリスト3.2に示します。

▶リスト3.2◀　学習済みポリシーを使用するスクリプト（Python用）：ido_test.py

```python
import tensorflow as tf
import numpy as np
import os

from tf_agents.environments import py_environment, tf_py_environment
from tf_agents.trajectories import time_step as ts
from tf_agents.specs import array_spec
# 環境の設定
class EnvironmentSimulator(py_environment.PyEnvironment):
(クラスの中身はリスト3.1と同じ)
# メイン関数
def main():
    # 環境の設定
    env = tf_py_environment.TFPyEnvironment(EnvironmentSimulator())
    # ポリシーの読み込み
    policy = tf.compat.v2.saved_model.load( os.path.join('policy') )
    # エピソードを1回だけ
    for episode in range(1):
        episode_rewards = 0
        time_step = env.reset()
        # 行動を15回の繰り返し
        for t in range(15):
            policy_step = policy.action(time_step) # 現在の状態から次の行動
            next_time_step = env.step(policy_step.action) # 行動から次の状態
            # 実行状態の表示（学習には関係しない）
            S = time_step.observation.numpy().tolist()[0] # 現在の状態
            A = policy_step.action.numpy().tolist()[0] # 行動
            R = next_time_step.reward.numpy().astype('int').tolist()[0]
                # 報酬
            S_ = next_time_step.observation.numpy().tolist()[0] # 次の状態
            print(S, A, R, S_)
            # 報酬の計算
            episode_rewards += R
            # 次の状態を現在の状態にする
            time_step = next_time_step
        # 行動終了後の情報の表示
    print(f'Episode:{episode+1}, Rewards:{episode_rewards}')

```

```
38   if __name__ == '__main__':
39       main()
```

まず，EnvironmentSimulator クラスはリスト 3.1 と同じにします。

そして，エージェントに関する設定をすべて削除します。これは学習済みポリシーに含まれているためです。

学習済みポリシーは 16 行目で読み込んでいます。なお，ido.py の実行後にできる policy フォルダはコピー（または移動）して ido_test.py と同じフォルダにあるとしています。学習済みポリシーは一度作れば再度作り直す必要はありません。

18 行目の for 文でエピソード回数を 1 回に変更しています。

その後の繰り返し文の中で異なる点は while の無限ループと終了条件の if 文で行っていた行動を for 文に変えている点です。もう 1 つは，エピソードを作成するための関数（trajectory.from_transition）や学習のための関数（agent.train 関数）が削除されている点です。policy.action 関数を用いて次の行動を得て，env.step 関数で環境を変更している点は同じです。

この実行結果を以下に示します。15 回の行動をしたときに最大となる報酬 5 が得られていることがわかります。つまり，学習済みポリシーが使われたことが確認できました。

たとえば，1 回のエピソード中に行う行動の数（22 行目の for 文の繰り返しの数）を 30 に変えると，最も良い行動をとったときに得られる報酬である 10 が得られます。

```
> python ido_test.py
[0, 1] 0 0 [1, 1] ← 紐を引く（桶が上がる）
[1, 1] 1 1 [1, 0] ← 桶を傾ける【報酬が得られる：1】
[1, 0] 0 0 [0, 1] ← 紐を引く（桶が下がる）
[0, 1] 0 0 [1, 1] ← 紐を引く（桶が上がる）
[1, 1] 1 1 [1, 0] ← 桶を傾ける【報酬が得られる：2】
[1, 0] 0 0 [0, 1] （以下同じ）
[0, 1] 0 0 [1, 1]
[1, 1] 1 1 [1, 0]
[1, 0] 0 0 [0, 1]
[0, 1] 0 0 [1, 1]
[1, 1] 1 1 [1, 0]
[1, 0] 0 0 [0, 1]
[0, 1] 0 0 [1, 1]
[1, 1] 1 1 [1, 0]
[1, 0] 0 0 [0, 1]
Episode:1, Rewards:5

> python ido_test.py
[0, 1] 0 0 [1, 1] ← 紐を引く（桶が上がる）
[1, 1] 1 1 [1, 0] ← 桶を傾ける【報酬が得られる：1】
```

＊「← 紐を引く」などの部分は筆者が説明のために追加したコメントですので，実際には表示されません。

```
[1, 0] 0 0 [0, 1]  ← 紐を引く（桶が下がる）
[0, 1] 0 0 [1, 1]  ← 紐を引く（桶が上がる）
[1, 1] 1 1 [1, 0]  ← 桶を傾ける【報酬が得られる：2】
[1, 0] 0 0 [0, 1]  （以下同じ）
[0, 1] 0 0 [1, 1]
[1, 1] 1 1 [1, 0]
[1, 0] 0 0 [0, 1]
[0, 1] 0 0 [1, 1]
[1, 1] 1 1 [1, 0]
[1, 0] 0 0 [0, 1]
[0, 1] 0 0 [1, 1]
[1, 1] 1 1 [1, 0]
[1, 0] 0 0 [0, 1]
[0, 1] 0 0 [1, 1]
[1, 1] 1 1 [1, 0]
[1, 0] 0 0 [0, 1]
[0, 1] 0 0 [1, 1]
[1, 1] 1 1 [1, 0]
[1, 0] 0 0 [0, 1]
[0, 1] 0 0 [1, 1]
[1, 1] 1 1 [1, 0]
[1, 0] 0 0 [0, 1]
[0, 1] 0 0 [1, 1]
[1, 1] 1 1 [1, 0]
[1, 0] 0 0 [0, 1]
[0, 1] 0 0 [1, 1]
[1, 1] 1 1 [1, 0]
[1, 0] 0 0 [0, 1]
Episode:1, Rewards:10
```

3.8　さまざまな設定

　深層強化学習はこれまでに紹介してきた機能以外にさまざまな機能が
あります。この節では必ずしも必要ではありませんが，より高度なスク
リプトを作成するために知っておいた方がよい事柄をまとめました。そ
のため，この節の項ごとにつながりはありません。

3.8.1　初期値の設定

　深層学習や深層強化学習は毎回異なる初期値の重みから学習がはじま
るため，必ずしも同じ結果が出るとは限りません。特に深層強化学習は，
初期値によってうまく学習できない場合があったり，場合によってはバ
グで止まってしまうこともあります。毎回異なると，その原因を追究す
ることが難しくなります。そこで，毎回同じ学習となるように初期値の
設定方法を紹介します。設定は簡単でライブラリの設定の後に次ページ
のスクリプトを加えるだけです。

seed の値を変えることで異なる初期値を持つ学習となります。

▶リスト3.3◀　井戸問題の初期値の固定（Python 用）：ido_seed.py

```
1  # （ライブラリの設定の下に以下を設定）
2  import random
3  seed = 1
4  random.seed(seed)
5  np.random.seed(seed)
6  tf.random.set_seed(seed)
```

3.8.2　ε-greedy 法の設定

　深層強化学習ではランダムに行動する確率を設定する必要があります。リスト 3.1 では最初はランダムに行動する確率が 1（すべての行動がランダム）で，設定したエピソード数が終わるときには 0（ランダムな行動を全く行わない）となるように，図 3.10 の黒い実線に示すように線形に減少させていました。しかしながら，灰色の実線ように最初は 1 付近で最後は 0 でなく 0.1 にするとか，破線に示すように滑らかに減らすとか，複雑な設定をした方がうまくいくこともあります。

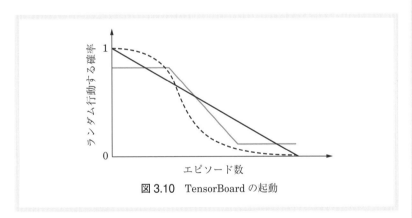

図 3.10　TensorBoard の起動

　そこで，クラスを用いて設定する方法を紹介します。リスト 3.1 から追加と変更した点をリスト 3.4 に示します。異なるのは，最初が start_epsilon の確率で，decay_steps だけエピソードが進むと end_epsilon の確率になるように減らしている点です。start_epsilon を 1，end_epsilon を 0，decay_steps を num_episodes（設定したエピソード数）とするとリスト 3.1 と同じになります。

　スクリプトの解説を行います。

　1 つ目の追加する部分として，確率を設定するための MyDecayEpsilon クラスを作ります。その中の update_epsilon メソッドで確率の更新を設定します。メソッド内に書くため if 文なども使えます。

　2 つ目の追加する部分として，main 関数の中で MyDecayEpsilon ク

ラスのオブジェクトを作成します。ここで引数として，最初の確率と最後の確率，最後の確率に至るまでのエピソード数を設定します。

削除する部分として，35 行目の line_epsilon= … の部分はリスト 3.1 で用いていた部分ですので，コメントアウトしました。

変更する部分の 1 つ目は，40 行目の確率の更新の仕方です。クラスを用いた場合では update_epsilon 関数を用いて更新します。

変更する部分の 2 つ目は，43 行目の確率の表示の仕方です。クラスを用いた場合では myepsilon() とすることで現在使用している確率を得ることができます。

▶リスト 3.4◀　井戸問題の ε-greedy 法の確率を設定（Python 用）：ido_greedy.py

```
1    （前略）
2    # 確率を設定するためのクラス
3    class MyDecayEpsilon:
4        def __init__(self, start_epsilon, end_epsilon, decay_steps):
5            # end_epsilon の値になるまでのステップ数（decay_steps）で場合分け
6            if decay_steps > 1: # 一定の刻み幅で減少
7                self._K = (end_epsilon-start_epsilon)/(decay_steps-1)
8            else: # 初期値（start_epsilon）のまま
9                self._K = 0
10           self._B = start_epsilon
11
12           self._epsilon = start_epsilon
13           self._end_epsilon = end_epsilon
14           self._decay_steps = decay_steps-1
15       # 値の更新
16       def update_epsilon(self, step):
17           if step >= self._decay_steps: # 減少中
18               self._epsilon = self._end_epsilon
19           else: # 一定値
20               self._epsilon = self._K * step + self._B
21
22       def __call__(self):
23           return self._epsilon
24   # メイン関数
25   def main():
26   （中略）
27       num_episodes = 50
28       myepsilon = MyDecayEpsilon(
29                       start_epsilon=1.0,
30                       end_epsilon=0.0,
31                       decay_steps=num_episodes
32                   )
33   （中略）
34       # 変数の設定
35   #   line_epsilon = np.linspace(start=1, stop=0, num=num_episodes)
36       # エピソードの繰り返し
37       for episode in range(num_episodes):
38   （中略）
39   #       policy._epsilon = line_epsilon[episode]
```

```
40      myepsilon.update_epsilon(episode)
41  (中略)

42      # 行動終了後の情報の表示
43      print(f'Episode:{episode+1}, Rewards:{episode_rewards},
            Average Loss:{np.mean(episode_average_loss):.6f},
            Current Epsilon: {myepsilon():.6f}')

44  (後略)
```

3.8.3 ネットワーク構造の概要を表示する

　深層強化学習は現在のバージョンでは TensorBoard での出力に対応していません。しかしながら，以下のようにネットワーク構造の概要を表示することはできます。2.2 節と同様に，3 層の Dense 層で構成されていて，1，2 層目のノードが 10，3 層目のノードが 2 であることがわかります。

```
Layer (type)                  Output Shape              Param #
================================================================
dense (Dense)                 (None, 10)                30

dense_1 (Dense)               (None, 10)                110

dense_2 (Dense)               (None, 2)                 22

================================================================
Total params: 162
Trainable params: 162
Non-trainable params: 0
```

　これを行うためには 2 か所変更する必要があります。まずは 1 層目に入力を設定する必要があります。今回は「input_shape=(2,)」を追加しました。次に，primary_network の設定が終わった後，「primary_network.model.summary 関数」を実行する必要があります。

▶リスト 3.5◀　井戸問題のネットワーク構造の表示（Python 用）：ido_network.py

```
1   (前略)
2   # ネットワークの登録
3   self.model = keras.Sequential(
4           [
5                   keras.layers.Dense(10, input_shape=(2,),
                        activation='relu'), # 入力の設定を追加
6                   keras.layers.Dense(10, activation='relu'),
7                   keras.layers.Dense(n_action),
8           ]
9       )
10  (中略)
11      primary_network.build(input_shape=(None,*(env.observation_spec().
            shape)))
12      primary_network.model.summary() # モデル構造の表示
13  (後略)
```

3.8.4 TF-Agents を使わない方法

　本書では TensorFlow の機能の1つである TF-Agents を用いて深層強化学習を行う方法を紹介しました。参考資料として TF-Agents を使わない深層強化学習のスクリプトをリスト 3.6 に示します。このスクリプトは ido.py を書き換えたものとなり，同じ学習ができます。このスクリプトの説明は本書の範囲を大きく超える内容となりますので，ここでは紹介のみとしました。

▶リスト 3.6◀　井戸問題で TF-Agents を使わないスクリプト（Python 用）：
　　　　　　　ido_without_tf.py

```python
import tensorflow as tf
from tensorflow import keras

import numpy as np
import random
import copy
import gc
# 毎回同じ学習結果にするための seed 値の設定
seed = 1
random.seed(seed)
np.random.seed(seed)
tf.random.set_seed(seed)
# 環境の設定
class EnvironmentSimulator:
    # 初期化
    def __init__(self):
        self.states = [[0,1],[1,1],[1,0]] # 状態の設定
        self.actions = [0,1] # 行動の設定
        self.reset()
    # 状態を初期値に戻すための関数
    def reset(self):
        self._state = [0,1]
        return np.array(self._state, dtype=np.int32)
    # 行動の関数
    def step(self, action):
        next_state = self._state.copy()
        reward = 0
        # 行動による状態遷移
        if self._state[0] == 0 and self._state[1] == 1: # 桶：下，水：有
            if action == 0: # 紐を引く
                next_state[0] = 1 # 桶が上になる
        elif self._state[0] == 1 and self._state[1] == 1: # 桶：上，水：有
            if action == 0: # 紐を引く
                next_state[0] = 0 # 桶が下になる
            elif action == 1: # 桶を傾ける
                next_state[1] = 0 # 水がなくなる
                reward = 1 # 【報酬を得る】
        elif self._state[0] == 1 and self._state[1] == 0: # 桶：上，水：無
            if action == 0: # 紐を引く
                next_state[0] = 0 # 桶が下になる
                next_state[1] = 1 # 水が入る
        # 状態を更新
        self._state = next_state
        # 戻り値の設定
        return np.array(self._state, dtype=np.int32), reward
    # ランダム行動を選択するための関数
```

```python
def random_action(self):
    return random.choice(self.actions)
# 行動・Q値を推定するネットワークの定義
def QNetwork(obs_spec, n_actions, n_hidden_channels=10):
    # ネットワークの設定
    model = keras.Sequential(
        [
            keras.layers.Dense(n_hidden_channels,
                activation='relu'),
            keras.layers.Dense(n_hidden_channels,
                activation='relu'),
            keras.layers.Dense(n_actions),
        ]
    )

    return model
# DDQN の設定
class DoubleDQNAgent:
    # 初期化
    def __init__(self, q_network, optimizer, gamma, target_update_
        interval=10, target_update_tau=1.0):
        self.primary_network = q_network # Q ネットワークのセット
        self.target_network = keras.models.clone_model(q_network)
            # 同じ Q ネットワークをセット
        self.primary_network.compile(loss='mse', optimizer=optimizer)
            # 損失関数と最適化関数の設定
        self.gamma = gamma # 割引率の設定
        self.target_update_interval = target_update_interval # 更新頻度の設定
        self.target_update_tau = target_update_tau # 更新時のパラメータの設定
        self.train_step_counter = 0 # 学習回数のカウンター
    # ネットワークの更新
    def update_target_network(self):
        for t, p in zip(self.target_network.trainable_variables,
            self.primary_network.trainable_variables):
            t.assign( (1 - self.target_update_tau) * t +
                self.target_update_tau * p )
    # 学習
    def train(self, experience):
        states, actions, rewards, next_states = experience # 現在の状態, 行動,
            報酬, 次の状態を取り出す（それぞれ 1 つの変数でなくリストであることに注意）
        actions = actions.tolist()
        batch_size = len(actions) # 行動数をバッチサイズとする
        # Q 値の更新
        q_eval = self.primary_network(states, training=False).numpy()
            # 現在の状態での Q ネットワークの Q 値
        q_eval_next = self.primary_network(next_states,
            training=False).numpy() # 次の状態での Q ネットワークの Q 値
        q_target_next = self.target_network(next_states,
            training=False).numpy() # 次の状態での対象とする Q ネットワークの Q 値

        q_target = q_eval.copy()
            # 対象とする Q ネットワークの Q 値は現在の状態の Q ネットワークの Q 値
        batch_index = np.arange(batch_size, dtype=np.int32)
            # インデックスの作成。0 から始まる連続した値： 0,1,2,・・・,batch_size-1

        q_target_max_index = np.argmax(q_eval_next, axis=1)
            # 次の状態の Q 値の最大値
        target = q_target_next[batch_index, q_target_max_index]
            # 対象とするネットワークの Q 値

        q_target[batch_index, actions] = rewards + self.gamma * target
            # 対象とするネットワークの Q 値の更新
```

3.8 さまざまな設定

67

```
 93
 94        loss = self.primary_network.train_on_batch(states, q_target)
                  # バックプロパゲーションのための損失の計算
 95
 96        self.train_step_counter += 1
 97        if self.train_step_counter%self.target_update_interval == 0:
                  # ネットワークの重みの更新（self.target_update_interval で設定した間隔ご
                  とに行われる）
 98            self.update_target_network()
 99
100        return loss
101    # 初期化
102    def reset(self):
103        self.train_step_counter = 0
104        self.update_target_network()
105 # ε-greedy 法の設定
106 class EpsilonGreedyPolicy:
107    # 初期化
108    def __init__(self, epsilon, q_network, random_action_function):
109        self.epsilon = epsilon # ε の初期値（ランダム行動するかどうか）
110        self.q_network = q_network # Q 値の初期値
111        self.random_action = random_action_function
                  # ランダム行動を選択するための関数
112    # 行動選択
113    def choose_action(self, observation):
114        if random.random() < self.epsilon: # ランダム行動の場合（乱数が ε より小さい）
115            action = self.random_action() # ランダム行動を選択
116        else:
117            predict = self.q_network(observation[np.newaxis,:],
                      training=False) # 現在の状態の Q 値の取り出し
118            action = np.argmax(predict[0]) # 最も大きい Q 値の行動を選択
119
120        return action
121 # ReplayBuffer（これまでの行動などの保存）の設定
122 class UniformReplayBuffer:
123    # 初期化
124    def __init__(self, capacity):
125        self.buffer = [] # バッファを空に
126        self.capacity = capacity # バッファの最大値の設定
127        self.counter = 0
128    # 行動などの保存
129    def push(self, state, action, reward, next_state):
130        if self.counter >= self.capacity: # バッファの最大値を超えている場合
131            self.buffer[self.counter%self.capacity] = (state, action,
                      reward, next_state) # 古いバッファを上書き
132        else: # 最大値を超えていない場合
133            self.buffer.append((state, action, reward, next_state))
                      # 追加
134
135        self.counter += 1 # 保存した数
136    # 行動などの取り出し
137    def pop(self, sample_batch_size):
138        if self.counter == 0: # バッファに 1 つもデータがない場合
139            raise Exception('No any data in buffer')
140
141        if self.counter < sample_batch_size:
                  # 設定したバッチサイズより保存した行動歴が少ない場合
142            batch_data = self.buffer.copy() # バッファ内のすべてをコピー
143        else: # 多い場合
144            batch_data = random.sample(self.buffer, sample_batch_size)
                      # ランダムにバッチサイズ分だけ取り出す
145
```

```
146        states = []  #現在の状態のリスト
147        actions = []  #行動のリスト
148        rewards = []  #報酬のリスト
149        next_states = []  #次の状態のリスト
150
151        for S, A, R, S_ in batch_data:  #現在の状態，行動，報酬，次の状態のリストを作る
152            states.append(S)
153            actions.append(A)
154            rewards.append(R)
155            next_states.append(S_)
156        #それぞれのリストをリスト化して戻り値を作る
157        return (np.row_stack(states),
158                np.array(actions),
159                np.array(rewards),
160                np.row_stack(next_states),
161                )
162    #バッファの消去
163    def clear(self):
164        del self.buffer
165        gc.collect()
166
167        self.buffer = []
168        self.counter = 0
169
170 def main():
171    #環境の設定
172    env = EnvironmentSimulator()
173    #ネットワークの設定
174    primary_network = QNetwork(2, 2)
175    #エージェントの設定
176    agent = DoubleDQNAgent(
177                           q_network = primary_network,
178                           optimizer = keras.optimizers.Adam(learning_
                                 rate=1e-2),
179                           gamma=0.8,
180                           target_update_interval=10,
181                           target_update_tau=0.9,
182                           )
183    #エージェントの行動の設定（ポリシーの設定）
184    policy = EpsilonGreedyPolicy(
185                epsilon=1.0,
186                q_network = primary_network,
187                random_action_function=env.random_action,
188                )
189    #データの記録の設定
190    replay_buffer = UniformReplayBuffer(capacity=10**6)
191    #エピソードが始まる前に50回行動をしてreplay_bufferに行動を保存
192    S = env.reset()  #エージェントの初期化
193    for t in range(50):
194        A = policy.choose_action(S)  #現在の状態から次の行動
195        S_, R = env.step(A)  #行動から次の状態と報酬
196        replay_buffer.push(S, A, R, S_)  #現在の状態，行動，報酬，次の状態を保存
197        S = S_  #次の状態を現在の状態にする
198    #変数の設定
199    num_episodes = 20  #エピソード数
200    line_epsilon = np.linspace(start=1, stop=0, num=num_episodes)
            #ランダム行動の確率
201    #エピソードの繰り返し
202    for episode in range(num_episodes):
203        episode_rewards = 0  # 1エピソード中の報酬の合計値の初期化
204        episode_average_loss = []  #平均lossの初期化
205
```

```
206      S = env.reset()  # エージェントの初期化
207      policy.epsilon = line_epsilon[episode]  # ランダム行動の確率の設定
208      # 設定した行動回数の繰り返し
209      for t in range(15):
210          A = policy.choose_action(S)  # 現在の状態から次の行動
211          S_, R = env.step(A)  # 行動から次の状態
212          # エピソードの保存
213          replay_buffer.push(S, A, R, S_)
214          print(S.tolist(), A, R, S_.tolist())
                 # 実行状態の表示（学習には関係しない）
215          # 学習
216          experience = replay_buffer.pop(sample_batch_size=16)
                 # 過去の行動の取り出し
217          loss = agent.train(experience)  # ネットワークの訓練
218          # loss の保存と報酬の計算
219          episode_average_loss.append(loss)
220          episode_rewards += R
221
222          S = S_  # 次の状態を現在の状態にする
223      # 行動終了後の情報の表示
224      print(f'Episode:{episode+1}, Rewards:{episode_rewards},
             Average Loss:{np.mean(episode_average_loss):.6f},
             Current Epsilon: {policy.epsilon:.6f}')
225      # ポリシーの保存
226      model_name = "q_network.h5"
227      primary_network.save_weights(model_name)
228
229  if __name__ == '__main__':
230      main()
```

## 第4章

電子工作の準備をしよう

本書では深層学習を電子工作で作ったものに応用します。深層学習は
パソコンで行い，電子工作を制御するのは Arduino というマイコンを用
いて行います。この章ではまず，Arduino とはどのようなものかを簡単
に説明します。その後，Arduino を使うための準備を行い，サンプルス
ケッチ[*1] で動作の確認を行います。

*1　Arduino のプログラ
ムはスケッチと呼びます。

4.1　Arduino とは

Arduino とは図 4.1 に示すようなマイコンボードの一種で，ほかのマ
イコンボードに比べて，とても簡単にスケッチを作ることができます。

Arduino にはいろいろな種類（Uno, Mega, Nano など）があります。
どの Arduino でもたいてい互換性はありますが，本書で対象とする
Arduino は Arduino Uno R3 です。

Arduino を使って電子工作をするときには，いろいろな部品を購入す
る必要があります。本書の工作でよく使うものやそれらを購入したお店
を付録 A にまとめておきます。

図 4.1　Arduino Uno R3

Arduino にはいろいろな部品が付いています。本書で扱う部品の意味を図 4.2 と合わせながら示します。

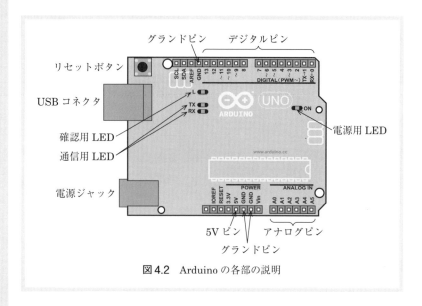

図 4.2　Arduino の各部の説明

(1) ピン

　Arduino の上下に黒くて穴のあいたフレームがあります。このそれぞれの穴をピンと呼びます。ピンにはいくつか役割があり，Arduino にはそれぞれの役割が白い文字で書かれています。その中の本書で使用するピンについて説明します。

- デジタルピン

　DIGITAL（PWM〜）と書いてある 0〜13 番までの 14 本のピンです。このピンを**デジタル○○番ピン**と呼ぶこととします。

　これらのピンは Arduino のピンを扱う専用の関数である digitalRead 関数や digitalWrite 関数で使うことができます。また「〜」が書かれた 3，5，6，9，10，11 番ピンは特別な役割があり，analogWrite 関数で使うことのできるピンです。

- アナログピン

　ANALOG IN と書いてある 0〜5 番までの 6 本のピンです。このピンを**アナログ○○番ピン**と呼ぶこととします。これらのピンは analogRead 関数でピンにかかる電圧を読み取ることができます。

- グランドピン

　GND と書いてあるピンで，長い方のフレームに 1 つ，短い方のフレームに 2 つの合計 3 つのピンがあります。

- 5V ピン

5V と書いてあるピンから，5V が出力されています。サーボモータを回すような大きな電流を必要とする電子部品への電源としては使うことができません。

(2) USB コネクタ

スケッチを Arduino に書き込んだりするときには，このコネクタとパソコンを USB ケーブル（A-B タイプ）でつなぎます。

(3) 電源ジャック

Arduino は USB ケーブルでパソコンとつながっていれば動かすことができます。パソコンと USB ケーブルでつながずに Arduino だけで動作させたいときには，この電源ジャックに AC アダプタ（7〜12 V で内側がプラス）をつなぎます。

(4) リセットボタン

1つだけ付いている押しボタンスイッチです。このボタンを押すとスケッチを最初から再度実行させることができます。リセットボタンの位置は Arduino のバージョンで異なります。

(5) LED

真ん中より少し左の上側に LED が 3 つと右側に 1 つ付いています。

- 確認用 LED

左の一番上の L と書いてある LED はスケッチで点灯や消灯ができます*2。

- 電源用 LED

右側の ON と書いてある LED は電源が入っていると点灯します。

- 通信用 LED

左の下側 2 つの TX, RX と書いてある LED はパソコンと Arduino が通信（シリアル通信）しているときや，作成したスケッチを書き込んでいるときなどに点滅します。

*2　このLEDの点灯と消灯はLED_BUILTINピンという特殊なピンで行います。なお，このピンはデジタル 13 番ピンとつながっている場合が多いです。

4.3　開発環境のダウンロード

Arduino のスケッチを作ったり，スケッチを Arduino へ書き込んだりするための開発環境（ソフトウェア）をインターネットからダウンロードします。この開発環境は無料です。

まず，ホームページ（www.arduino.cc）を開きましょう。図 4.3 のような画面が出てきます。

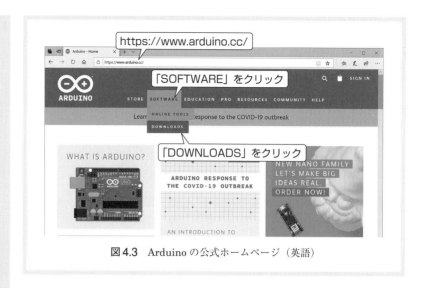

https://www.arduino.cc/

「SOFTWARE」をクリック

「DOWNLOADS」をクリック

図 4.3　Arduino の公式ホームページ（英語）

レイアウトや写真はときどき変わります。その中から「SOFTWARE」
と書かれた部分をクリックすると表示される「DOWNLOADS」をク
リックします。

図 4.4 のような画面が出てきます。そのページにある「Windows ZIP
file …」をクリックします[*3]。

その後，寄付するかどうかの画面が表示されますので，寄付しない場
合は「JUST DOWNLOAD」をクリックします。

ダウンロードがはじまります。本書の執筆時点で一番新しい
「Arduino-1.8.12」をダウンロードしました。Arduino のバージョンは
日々更新されています[*4]。バージョンが違う場合はそれに合わせて読み
替えてください。

「Windows ZIP file…」をクリック

以前のバージョンは下
に送るとリンクがある

図 4.4　Arduino の開発環境のダウンロードページ

*3　Mac や Linux（32
bit 版，64bit 版）を使っ
ている人はそれぞれ Mac
OS X や Linux 32bits，
Linux 64bits をクリック
しましょう。

*4　以前のバージョンは
図 4.4 の画面の中ごろにあ
る「Previous Releases」
と書かれている下にある
「previous version of…」
と書かれたリンクをクリッ
クするとダウンロードでき
ます。

本書では保存先としてライブラリフォルダの中にあるドキュメント
フォルダを選択しました。

ダウンロードはインターネットの速さによってはかなり時間がかかる
場合があります。

4.4　インストール

インストールはダウンロードした arduino-1.8.12-windows.zip を右
クリックして「すべて展開 (T)」を選びます[*5]。

セキュリティーの警告ダイアログが出ることがありますが，キャンセ
ルボタンを押します。

これで，Arduino を使うための開発環境のインストールは終わりまし
た。ダウンロードしたファイルを展開するだけでインストールができる
のはとても簡単ですね[*6]。

*5　展開が終わったらこ
の開発環境を使いやすくす
るために，デスクトップに
ショートカットを作りま
しょう。arduino-1.8.12
フォルダの中の arduino ア
イコン（拡張子を表示して
いる場合は arduino.exe）
を右クリックしてから，送
る（N）→デスクトップ
（ショートカット作成）を
選びます。

*6　アンインストールは
展開したフォルダごと削除
すれば OK です。バージョ
ンの違う Arduino の開発
環境を使用することも可能
です。

4.5　パソコンとの接続

Arduino とパソコンを USB ケーブルでつなぎましょう。

初回接続時にはドライバーのインストールが必要になることがありま
す。

デバイスマネージャーを起動します。これは図 4.5 に示すように「ス
タートメニューを右クリック」してから「デバイスマネージャーをク
リック」することでできます。

デバイスマネージャーのダイアログが表示されたら，その中から「ほ
かのデバイスの中」に Arduino Uno が含まれているか確認します。ほ
かのデバイスでなく，図 4.5 のように「ポート（COM と LPT）」の中
に Arduino Uno が表示されていれば以下の手順は必要ありません。

ほかのデバイスに含まれている場合は「Arduino Uno を右クリック」
して「ドライバーソフトウェアの更新 (P)」を選択します。

その後，ダイアログが出てきますので，下側の「コンピュータを参照
してドライバーソフトウェアを検索します (R)」をクリックします。

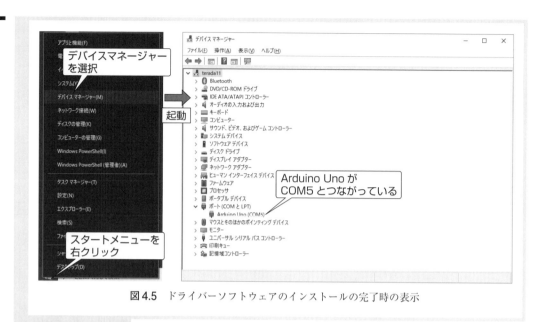

図4.5 ドライバーソフトウェアのインストールの完了時の表示

ダイアログが表示されますので,「参照 (R) をクリック」して「Arduino の開発環境をインストールしたフォルダの下の drivers フォルダ」を選択して「OK」を押します。このとき,**FTDI USB Drivers ではないことに注意してください**。セキュリティーの警告が出ることがありますが,「このドライバーソフトウェアをインストールします (I)」を選んで少し待つと, 図4.5のように「ポート（COM と LPT）の中に Arduino Uno (COM5)」と表示されます。この例では,「COM5 という番号のポートに接続されている」ことになります。図では COM5 となっていますが, 読者の皆様の実行環境によってこの番号は異なります。

4.6 初期設定

Arduino を使うための開発環境を起動しましょう。「ダウンロードして解凍したフォルダの中にある arduino.exe（または 4.4 節でデスクトップに作成した Arduino のアイコン）をダブルクリック」してしばらく待つと, 図4.6の画面が現れます。この白い部分にスケッチを書きます。さらに, この開発環境にはコンパイルのためのボタン（Verify ボタン[7]）や, 書き込む（アップロードする）ためのボタン（Upload ボタン：4.7 節で説明）や, シリアル通信のためのボタン（シリアルモニタボタン：5.3 節で説明）が付いています。

なお, Arduino の開発環境を終了するときはファイルメニューから終了を選ぶか右上の×ボタン（閉じるボタン）をクリックしてください。

*7 Verify ボタンを押すとスケッチをコンパイルしてスケッチが文法的に正しく書かれているかチェックできます。

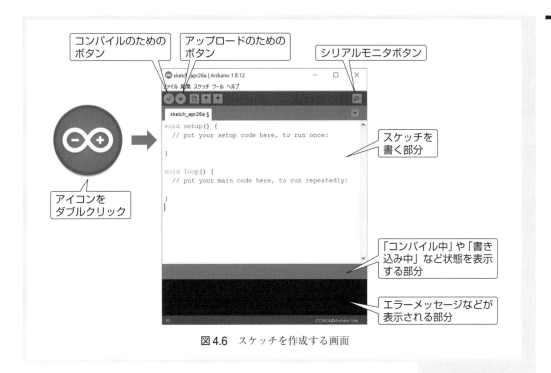

図4.6　スケッチを作成する画面

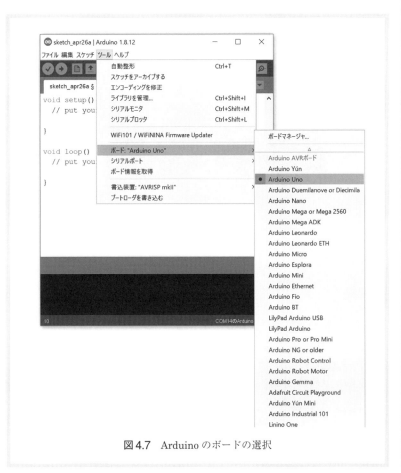

図4.7　Arduinoのボードの選択

Arduino を使うためには次の 2 つの設定が必要です。

1. **Arduino のボードの設定** Arduino にはいろいろな種類 (Uno, Mega, Nano など) があります。どの Arduino スケッチを書くのかを設定する必要があります。図 4.7 に示すように「ツール」メニューから「ボード」を選び，「Arduino Uno」を選びます。

2. **シリアルポートの設定** Arduino がどのシリアルポートに接続されているかを設定します。図 4.8 に示すように「ツール」メニューから「シリアルポート」を選び，「Arduino と接続している USB ポート」を選択します。最近のバージョンでは「COM5（Arduino Uno）」のように Arduino がつながっているポートがわかりやすく表示されています。

図 4.8 シリアルポートの選択

Tips 通信のポート設定で困ったとき

- シリアルポートが選択できない場合，
  - USB を何度か抜き差しすると選択できるようになる場合があります。
  - 「Arduino がパソコンにつながっていない」または「ドライバーが正しく認識されていない」ことが考えられますので，4.5 節を見直してください。
- シリアルポートの選択肢が 2 つ以上ある場合は，Arduino Uno を選択してください。

4.7　サンプルスケッチで動作確認

　サンプルスケッチを動かすことで，インストールや初期設定が正しくできているかを確認します。この節で動かすサンプルスケッチは図 4.2 の左上にある L と書いてある確認用 LED を点滅させるスケッチです。

　サンプルスケッチを開くために，図 4.9 のように「ファイル」メニューから「スケッチ例」の中の「01.Basics」の中の「Blink」を選択しましょう。開発環境がもう 1 つ開きます。

　このスケッチを実行してみましょう。図 4.9 に示す「Upload ボタンをクリック」して，しばらく（15 秒程度）待ちます。アップロード中は Arduino の TX と RX と書かれた LED が点滅します。状態を表す部分の表示に「ボードへの書き込みが完了しました」と表示されます。少し待って，Arduino ボード上の L と書かれた「確認用 LED が 1 秒おきに点滅」すれば成功です。

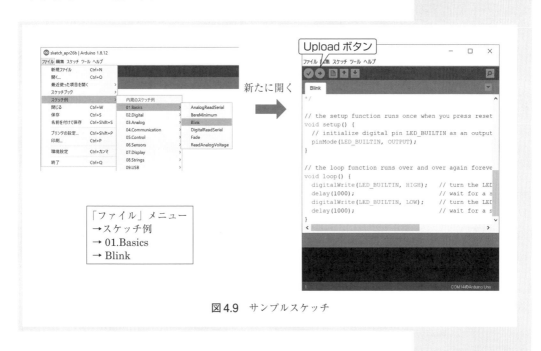

図 4.9　サンプルスケッチ

4.8　便利な電子パーツ

　電子工作をするときには電子パーツが必要となります。図 4.10 に本書でよく使う電子部品をまとめました。また，各節の電子工作で使用するパーツはそれぞれの節で示してあります。そして，付録 B に全部の節で使用するパーツと購入できる店舗をまとめてあります。

4.9　プログラムのダウンロード

　本書で使うプログラムは以下のホームページからダウンロードできるようになっています。

https://web.tdupress.jp/downloadservice/

　プログラムを打ち込むだけでもプログラムはどんどん上達します。しかし，打ち込みミスなどで動かない場合もあると思います。それを直すのに時間を取られて，電子工作への興味を失ってしまうことがあります。「たのしくできる」ためにもぜひご利用ください。

必ず使うもの

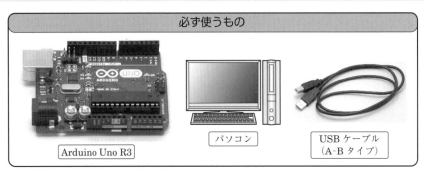

Arduino Uno R3　　パソコン　　USBケーブル（A-Bタイプ）

多くの節で使うもの

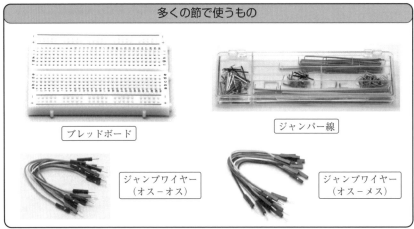

ブレッドボード　　ジャンパー線
ジャンプワイヤー（オス−オス）　　ジャンプワイヤー（オス−メス）

あると便利なもの

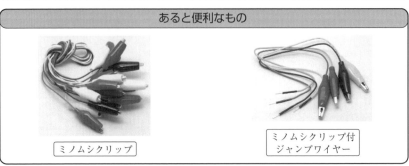

ミノムシクリップ　　ミノムシクリップ付ジャンプワイヤー

図4.10　本書の電子工作に使用する部品の例

コラム　ブレッドボードの使い方

　本書ではブレッドボードによる電子工作を行います。ここで，ブレッドボードはどのように
つながっているかを図 A.1 を用いて説明します。

　ブレッドボードは図 A.1 に示すようにたくさんの穴が開いていて，その穴にジャンパー
線を差して使います。ブレッドボードの縦の穴はつながっています。そして，横の穴はつ
ながっていません。縦の穴は中央部分にある溝で 2 つに分かれています。そして，下の方
にある横一列につながっている部分もあります。

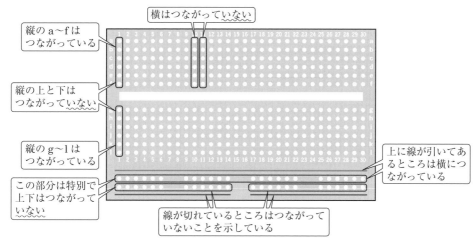

図 A.1　ブレッドボードの使い方

　例として，図 A.2 のように抵抗と LED を直列接続した回路をブレッドボードで実現し
てみます。Arduino の GND ピンから出た線はブレッドボードの横一列がつながっている
部分の上側にジャンパー線でつないでいます。そして，横の列のほかの穴からジャンパー
線で抵抗のつながっている列につないでいます。

　抵抗は，真ん中の溝を挟んでいます。そして，つながっている縦列に LED の片方を差
し込み，もう一方をほかの縦列に差し込んでいます。そして，それを 5V ピンにジャン
パー線でつないでいます。

　このように，縦列と横列をうまく使うことで回路を作ることができます。

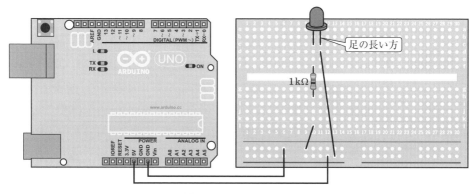

図 A.2　ブレッドボード

第5章 Arduinoの基本

電子工作をするときはLEDを光らせたりモータを回したりする出力と，スイッチやセンサの値を読み取ったりする入力が重要となります。この章では入力と出力の基本的な使い方を説明します。

5.1 LEDを点灯・消灯させるスケッチ

使用する電子部品
なし

電子工作の基本となる**Lチカ**と呼ばれるLEDの点灯と消灯を繰り返すスケッチを作ります。これを作ることで，Arduinoスケッチの基礎を説明します。本節ではArduinoボードに付いている確認用LEDを光らせますので，電子回路は作りません。

スケッチをリスト5.1に示します。

▶リスト5.1◀ LEDが点灯と消灯を繰り返す（Arduino用）：LED_digital.ino

```
 1  void setup() {                          // 一度だけ実行される
 2    pinMode(LED_BUILTIN, OUTPUT);          // Arduinoボードに付いているLEDを出力に
 3  }
 4
 5  void loop() {                           // 何度も繰り返し実行される
 6    digitalWrite(LED_BUILTIN, HIGH); // LEDを光らせる
 7    delay(1000);                          // 1000ミリ秒待つ
 8    digitalWrite(LED_BUILTIN, LOW); // LEDを消す
 9    delay(1000);                          // 1000ミリ秒待つ
10  }
```

スケッチの解説です。

1行目のsetup関数は，はじめに一度だけ実行されます。変数の初期化やピンの設定などをここに書きます。2行目のpinMode関数でArduinoに付属しているLEDがつながったピン（LED_BUILTIN）を出力に設定しています[*1]。pinMode関数の1番目の引数でピンの番号を設定し，2番目の引数で出力（OUTPUT）か入力（INPUT），何もつながってないときに「HIGH」となる入力（INPUT_PULLUP）を設定します。

5行目のloop関数は，setup関数が終わった後に何度も実行されます。このloop関数の中にスケッチを書くこととなります。ここでは，6行目のdigitalWrite関数でLEDを点灯させています。このdigitalWrite関数

*1 Arduino UnoではLED_BUILTINはデジタル13番ピンとつながっていますのでLED_BUILTINの代わりに13と書くこともできます。

の1番目の引数で出力するピン番号を設定し，2番目の引数でHIGHも
しくはLOWを設定します[*2]。7行目のdelay関数で1000ミリ秒（1秒）
待ってから，8行目でLEDを消灯させます。そして，1秒待ってから
（9行目）再び6行目でLEDを点灯させます。

*2　HIGHの場合は5V
が出力され，LOWの場合
は0Vとなります。

5.2　LEDの明るさの変更

　LEDの明るさを変えてみましょう。ここではじわっと明るくなって，
明るさが最大になったらぱっと消え，再びじわっと明るくなるスケッチ
を作ります。これにはアナログ出力できるデジタルピン（～マークの付
いているピン）を使う必要があります。そこで本節ではデジタル9番
ピンにLEDをつなぐために，図5.1に示す回路を作ります。本書では
配線図も示します。

　スケッチをリスト5.2に示します。

使用する電子部品	
LED	1個
抵抗（1 kΩ）	1本

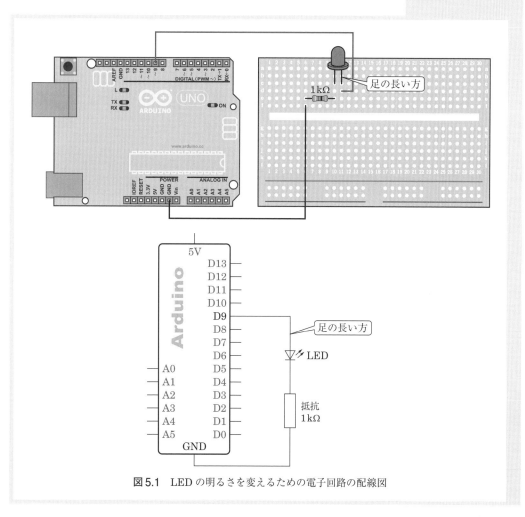

図5.1　LEDの明るさを変えるための電子回路の配線図

▶リスト5.2◀　LED が徐々に明るくなる（Arduino 用）：LED_analog.ino

```
1   void setup() {
2     pinMode(9, OUTPUT);    // デジタル9番ピンを出力に
3   }
4
5   void loop() {
6     for(int i=0;i<256;i++){
7       analogWrite(9, i);   // iの値に従って明るさを設定
8       delay(10);
9     }
10  }
```

スケッチの解説です。

まずはデジタル9番ピンを出力に設定しています（2行目）。

ピンにかかる電圧をアナログ的に出力するには7行目の analogWrite 関数を使います。この関数の1番目の引数で出力するピン番号を設定し，2番目の引数で0から255までの値を設定します。0を設定すると0V となり，255を設定すると5Vが出力されます。たとえば，64を設定すると約 $1.25\,V$（＝$64/255\times5$）が出力されます[*3]。

*3　実際にはアナログ電圧が出力されるのではなく約490Hz（または約980Hz）のPWM信号のデューティー比を変えています。

この出力の値を10ミリ秒おき（8行目）に0から255まで変える（6行目の for 文）ことで，約2.5秒の周期で LED がじわっと明るくなります。

5.3　値の読み込み

使用する電子部品	
スイッチ	1個
ボリューム	1個

スイッチの ON/OFF とボリューム（可変抵抗）にかかる電圧の値を読み込むスケッチを作ります。電圧の読み取り方がわかるとさまざまなセンサに応用できます。そして，読み取った値をシリアルモニタに表示します。

センサで計測した値が電圧の大きさとして出力されるものが多くあります。たとえば，以下のセンサです。

- 距離センサ：GP2Y0A21YK など
- 温度センサ：LM35DZ など
- 加速度センサ：KXR94-2050 など
- 照度センサ（フォトトランジスタ）：NJL7302L-F3 など
- ジャイロセンサ：ENC-03RC/D など

ただし，直線的な関係があるわけではなく，たとえば，距離センサ（GP2Y0A21YK）は図5.2のような距離と電圧の関係があります。この図を読み取ることで電圧と距離の関係式を作ります。筆者の実験では電

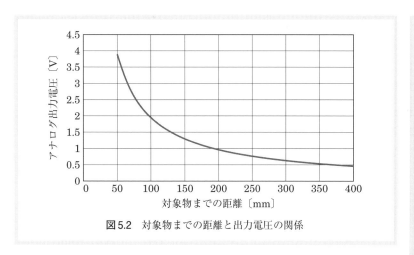

図5.2 対象物までの距離と出力電圧の関係

圧をv，距離をlとしたとき，以下の関係式を用いると，電圧から距離（ミリメートル）の変換がうまくいきました。

$$l = \frac{40000}{\dfrac{1024}{5}v + 1} \quad \text{[mm]} \tag{5.1}$$

　今回は簡単に実装するために図5.3の配線図に示すように，ボリューム（可変抵抗）を使い抵抗の分圧を変えることで電圧値を変えるものとします[*4]。図に示すように，電圧を読み取るときにはアナログピンを使います。本節ではアナログ0番ピンを使います。そして，スイッチは図に示すようにデジタル2番ピンに接続します。さらに，内部プルアップという機能[*5]を使ってスイッチが押されたらGNDピンにつながるようにするだけで動作するようにします。

　スケッチをリスト5.3に示します。実行すると図5.4のようにシリアルモニタに値が0.5秒（500ミリ秒）おきに表示されます。

*4　加速度センサを使う方法は11章，距離センサを使う方法は8章と13章に載せます。

*5　何もつながっていないときに「HIGH」となる機能です。

▶**リスト5.3**◀　スイッチの状態と電圧値を読み取りシリアルモニタに表示（Arduino用）：Monitor.ino

```
void setup() {
  Serial.begin(9600);         // シリアルモニタを使うための設定
  pinMode(2, INPUT_PULLUP);   // デジタル2番ピンを入力に（何もつながっていない場合HIGH）
}

void loop() {
  int a, b;
  a = digitalRead(2);         // デジタル2番ピンの値を読む
  b = analogRead(0);          // アナログ0番ピンの値を読む
  Serial.print(a);            // aの値をシリアルモニタに表示
  Serial.print("¥t");         // タブ文字を表示
  Serial.println(b);          // bの値をシリアルモニタに表示して改行
  delay(500);
}
```

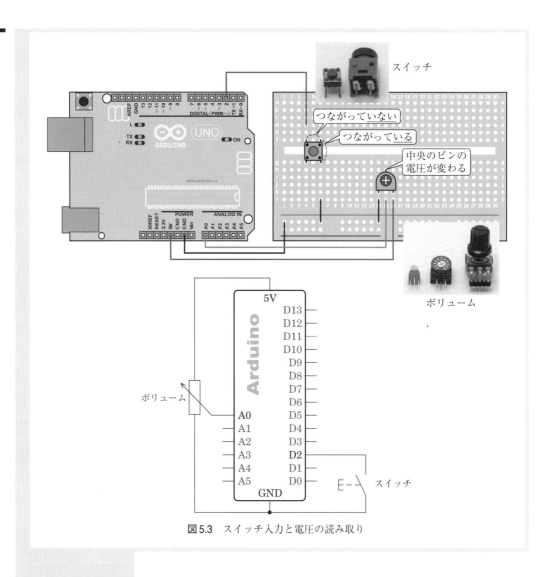

つながっていない

つながっている

中央のピンの
電圧が変わる

スイッチ

ボリューム

5V

D13
D12
D11
D10
D9
D8
D7
D6
D5
D4
D3
D2
D1
D0

A0
A1
A2
A3
A4
A5

GND

ボリューム

スイッチ

図5.3 スイッチ入力と電圧の読み取り

スケッチの解説です。

まずは1回だけ実行するsetup関数の中で初期設定を行います。

2行目のSerial.begin関数でシリアルモニタを使うための設定を行います。引数は通信速度で，9600 bpsとしてあります。この値を変えると通信速度を変更できます*6。

3行目ではデジタル2番ピンを入力に設定しています。1番目の引数が入力に設定するデジタルピンの番号，2番目の引数が入力とするための宣言です。ここでは何もつながない場合は「HIGH」として認識されるようにINPUT_PULLUPを設定しています。なお，アナログピンは入力として設定してはいけません。

次に，何度も繰り返すloop関数の中を説明します。

この回路ではスイッチが押されていないときは5V，押されているときは0Vとなります。0Vと5Vを判定するときは，デジタルピンを使

第5章　Arduinoの基本

86

います。これには8行目のdigitalRead関数を使います。この関数の引数はデジタルピンのピン番号で，読み取る値は0（GNDピンにつながった場合）もしくは1（どこにもつながっていない場合）です。

アナログピンの電圧を読み取るときには9行目のanalogRead関数を使います。この引数はアナログピンのピン番号です。そして，0〜5Vの電圧を0〜1023までの数値（10ビット階調）に変換して読み取ります。

シリアルモニタとは図5.4に示すように右上のボタンを押すと開くウインドウのことです。10〜12行目に示すSerial.print関数やSerial.println関数で値や文字をArduinoからパソコンへ送ります。パソコンは送られた値や文字を受信するとシリアルモニタにそれらを表示します。なお，Serial.printとSerial.printlnの違いは改行コードを付けて送るかどうかです。

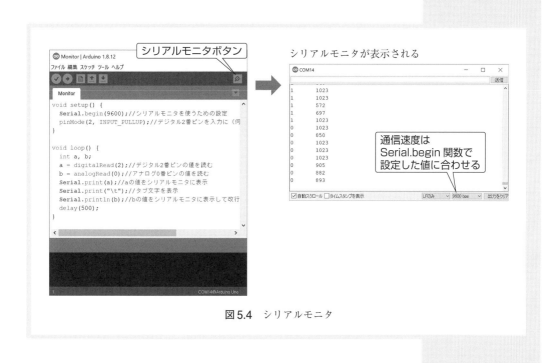

図5.4 シリアルモニタ

5.4 ボリュームでサーボモータの角度を変える

図5.5に示すようにボリュームを回すとサーボモータの角度が変わるものを作ります。サーボモータは10章や12章，13章の電子工作で使用します。

本節で使う配線図を図5.6に示します。この回路では電池もしくはACアダプタを使用します。ACアダプタを使うときには図5.7に示す

使用する電子部品
サーボモータ（SG-90）1個
ボリューム 1個
ACアダプタ（5 V）1個
ブレッドボード用 DCジャック DIP化 キット 1個

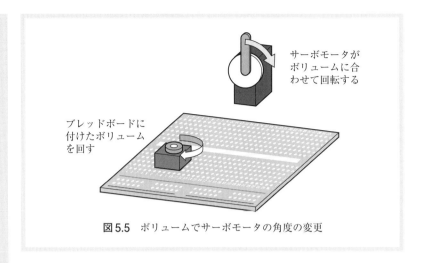

サーボモータが
ボリュームに合
わせて回転する

ブレッドボードに
付けたボリューム
を回す

図5.5　ボリュームでサーボモータの角度の変更

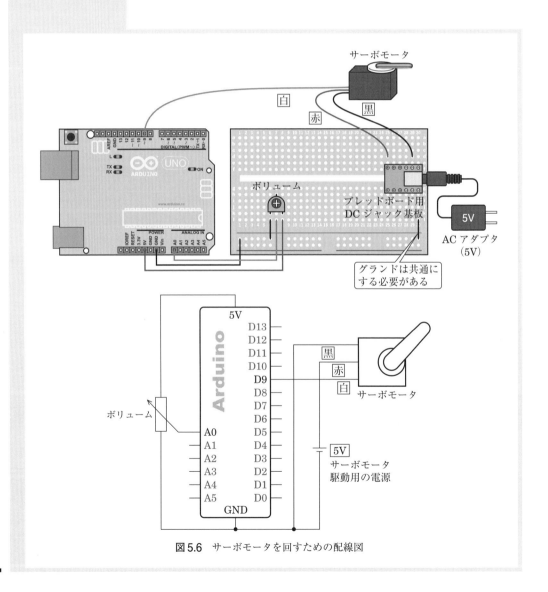

サーボモータ

白

赤

黒

ボリューム

ブレッドボード用
DCジャック基板

5V

ACアダプタ
（5V）

グランドは共通に
する必要がある

5V

Arduino

D13
D12
D11
D10
D9
D8
D7
D6
D5
D4
D3
D2
D1
D0

黒
赤
白

サーボモータ

ボリューム

A0
A1
A2
A3
A4
A5

GND

5V
サーボモータ
駆動用の電源

図5.6　サーボモータを回すための配線図

図5.7　DCジャックをブレッドボードに取り付けるためのキット
（プラス端子とマイナス端子の位置に注意してください）

DCジャックがブレッドボードに付けられるキット[*7]を使用すると簡単に実現できます。

*7　秋月：ブレッドボード用DCジャックDIP化キット

スケッチをリスト5.4に示します。

1行目でサーボモータ用ライブラリを読み込み，3行目でサーボモータを使うための設定をしています。そして，6，7行目でデジタル9番ピンを使ってサーボモータを動かす設定をしています。

このスケッチでは5.3節で説明した方法でアナログ電圧を読み取ってその値に従ってサーボモータの角度を変えます。そこで，11行目でアナログピンの値をvに代入します。サーボモータは角度で設定するため，12行目のmap関数で0〜1023までの値を0〜180までの値に変換しています。サーボモータの種類によっては0や180を指定すると不安定に振動することがあります。その場合は10〜120の範囲の値を使ってください。なお，map関数はv×180/1023の計算をしています。その値を使って13行目でサーボモータの角度を変えています。

▶リスト5.4◀　サーボモータをボリュームで回す（Arduino用）：Servo.ino

```
1    #include <Servo.h>
2
3    Servo mServo;                     // サーボモータを使うための設定
4
5    void setup() {
6      pinMode(9, OUTPUT);
7      mServo.attach(9);               // デジタル9番ピンをサーボモータに使う
8    }
9
10   void loop() {
11     int v = analogRead(0);          // 値を読み取る
12     v = map(v, 0, 1023, 0, 180);    // 値の変更
13     mServo.write(v);                // サーボモータを回す
14     delay(20);
15   }
```

パソコンと Arduino の通信

本書ではパソコンと Arduino を通信させて，深層学習と電子工作を連携させます。本章では，以下の2つを順に説明します。

- Arduino からパソコンへのデータの送り方
- パソコンから Arduino へのデータの送り方

なお，Arduino とパソコンの通信中はシリアルモニタが使えXなXくXなXりXます。

6.1　パソコンの通信の準備

Arduino とパソコンは**シリアル通信**で情報のやり取りをします。Python でシリアル通信を行うには pySerial ライブラリを使います。そのインストール方法を以下に示します。

Windows の場合は Anaconda を使います。Anaconda を起動してから，pySerial ライブラリをインストールするために以下に示すコマンドを実行します。なお，ここでは執筆時のバージョンに合わせるためにバージョン 3.4 をインストールしています。このコマンドを実行すると，以下のように表示され，成功すると「Successfully …」の行が表示されます。

```
>pip install pyserial==3.4
Collecting pyserial
  Using cached pyserial-3.4-py2.py3-none-any.whl (193 kB)
Installing collected packages: pyserial
Successfully installed pyserial-3.4
```

なお，すでにインストールされている場合は以下のように表示されXます。

```
Requirement already satisfied: pyserial in c:\users\
    makino\anaconda3\lib\site-packages (3.4)
```

インストールの確認は Python のターミナルで行います。プロンプトで python とだけ入力します。

>>> と表示されたらターミナルに入っています。

「import serial」と入力して Enter キーを押しても何も表示されXなXけXれば成功しています。

```
> python
>>> import serial
```

その後，Arduino とパソコンをつないで 10 秒ほど待ってから，serial.Serial 関数でシリアルポートの情報を取得し，print 関数で情報を表示させると，シリアルポートの情報が表示されます[*1]。最後は，「ser.close()」コマンドでシリアル通信を終了させておきましょう[*2]。なお，通信速度は指定しないと 9600 bps となります。

終了は Ctrl + D もしくは Ctrl + Z の後 Enter とします。

```
>>> ser = serial.Serial('COM5')
>>> print(ser)
Serial<id=0x1ff19904b00, open=True>(port='COM5',
    baudrate=9600, bytesize=8, parity='N', stopbits=1,
    timeout=None, xonxoff=False, rtscts=False,
    dsrdtr=False)
>>> ser.close()
```

*1 ポート番号（この例では COM5）はそれぞれの設定に合わせて変更してください。なお，通信がうまくいっていない場合はエラーが表示されます。

*2 終了させないと Arduino スケッチを書き込むことができない場合があります。その場合は Windows を再起動すると書き込めるようになります。

6.2 Arduino からパソコンへのデータ送信

Arduino からパソコンへ 1 バイト文字を送信する方法と，複数の数値データを送信する方法を順に説明します。そして最後に，データロガーを作る方法を説明します。

(1) 1 バイト文字の送信

図 6.1 に示すように，Arduino から 1 バイトの文字を送り，パソコンで受信してプロンプトに表示するものを作ります。

まずは，Arduino スケッチをリスト 6.1 に示します。

2 行目の Serial.begin 関数で通信速度を決めます。この通信速度は，この後説明する Python の設定と同じにする必要があります。

Arduino からの送信には Serial.print 関数を使います。なお，1 バイトの文字を送るときには改行付きの Serial.println 関数ではないことに注意してください[*3]。11 行目で 1 秒間待っています。これを繰り返し

*3 改行付きで送信した場合 ¥n という改行コードも 1 文字として送られてしまうため不具合が出ます。

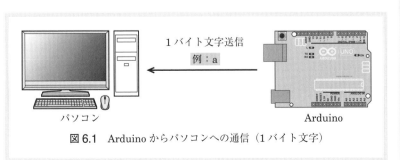

1 バイト文字送信
例：a

パソコン　　　　　　　　　　　Arduino

図 6.1 Arduino からパソコンへの通信（1 バイト文字）

▶リスト6.1◀ 0から9までの数字を1秒おきに送信（Arduino用）：Serial_send_1.ino

```
1   void setup() {
2     Serial.begin(9600); // シリアル通信の設定
3   }
4
5   void loop() {
6     static int count=0;
7     Serial.print(count); // 値を送る（改行コードなし）
8     count ++;
9     if(count == 10)
10      count = 0;
11    delay(1000); // 1秒待つ
12  }
```

ますので，1秒おきにカウントアップする値が送られることとなります。

なお，ボードへの書き込みが終了すると TX と書かれた通信用 LED が1秒おきに点滅します。

これを受信するためにパソコンで実行する Python スクリプトをリスト 6.2 に示します。

▶リスト6.2◀ 1バイト文字を受信（Python用）：serial_receive.py

```
1   import serial
2   import time
3
4   ser = serial.Serial('COM5', timeout=2.0)     # ポートのオープン
5   time.sleep(5.0)     #5秒待つ
6   for i in range(10):
7       line = ser.read()     # データの受信
8       print(line)     # データの表示
9   ser.close()     # ポートのクローズ
```

4行目の serial.Serial 関数でシリアル通信の設定をしています。この関数で，ポートの設定を行います。ポート番号は Arduino にスケッチを書き込むときに使った番号と同じです。ポートの番号は Arduino の開発環境のメニューから「ツール」→「シリアルポート」を選ぶことで確認できます。そして2つ目の引数でタイムアウトまでの時間を秒単位で設定しています。この設定がない場合は値が送られてくるまでずっとスクリプトが停止して，中断することもできなくなります。Python スクリプトでシリアル通信の設定をすると，Arduino スケッチの再起動がかかります。これにより，Arduino スケッチが最初からはじまります。

Arduino スケッチの再開を待つために time.sleep 関数で5秒待ちます（5行目）。

6行目で10回の繰り返しを設定し，ser.read 関数で1文字読み込んで，それを次ページのようにプロンプトに表示しています。10回の繰

り返しが終わったら ser.close 関数でシリアル通信を終了しています。

リスト 6.2 はシリアル通信の開始と終了が入っていてわかりやすいのですが，途中でスクリプトを強制的に終了させると，シリアル通信の終了が正常に行われないことがあります。

本書ではリスト 6.3 に示すように with と as を用いてシリアル通信の設定を行うものとします。なお，実行結果はリスト 6.2 と同じです。

▶リスト 6.3◀　1バイト文字を受信（with as 使用）（Python 用）：serial_receive_1.py

```
1  import serial
2  import time
3
4  with serial.Serial('COM5', timeout=2.0) as ser:      # ポートの設定
5      time.sleep(5.0)      # 5秒待つ
6      for i in range(10):
7          line = ser.read()      # データの受信
8          print(line)      # データの表示
```

```
>python serial_receive.py
b'0'
b'1'
b'2'
（中略）
b'8'
b'9'
```

（2）複数の値の送信

今度は図 6.2 に示すように，3つの値をカンマ区切り（例：1, 1, 2.00）で送る方法を示します。3つの値を送るためにリスト 6.1 の 7 行目をリスト 6.4 として書き換えます。リスト 6.4 はリスト 6.5 のように 1 行で書くこともできます。これにより，「0, 0, 0.00」，「1, 1, 2.00」といった具合に整数が 2 つと小数点の付いた値が 1 つ送られるようになります。このときのポイントは「println 関数を用いて改行コード付きで送る」ところです。改行コードを送ることで値の最後を知らせます。

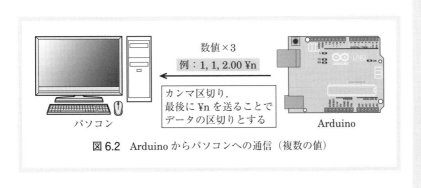

図 6.2　Arduino からパソコンへの通信（複数の値）

▶リスト 6.4◀　3つの文字を送る（Arduino 用）：serial_send_3.ino

```
1  Serial.print(count);
2  Serial.print(',');
3  Serial.print(count);
4  Serial.print(',');
5  Serial.println(count*2.0);
```

▶リスト 6.5◀　3つの文字を送る（1行で記述）（Arduino 用）：Serial_send_3_1line.ino

```
1  Serial.println(String(count)+','+String(count)+','+String(count*2.0));
```

　3つの値を文字列として受信するための Python スクリプトをリスト 6.6 に示します。ここでのポイントは2つあります。

　1つ目のポイントは7行目の「読み込みには ser.readline 関数を使う」ところです。これにより，改行コードまでを一気に読み込むことができます。

　2つ目のポイントは8行目の「改行コードを取り除き，UTF-8 へデコードする」ところです。これにより以下に示すように，今まで付いていた b という文字を取り除くだけでなく ¥n という文字も取り除くことができます。

```
>python serial_receive_3.py
0,0,0.00
1,1,2.00
2,2,4.00
（中略）
8,8,16.00
9,9,18.00
```

▶リスト 6.6◀　改行までの文字を受信する（Python 用）：serial_receive_3.py

```
1  import serial
2  import time
3
4  with serial.Serial('COM5', timeout=2.0) as ser:      # ポートの設定
5      time.sleep(5.0)
6      for i in range(10):
7          line = ser.readline()      # データの1行受信
8          line = line.rstrip().decode('utf-8')      # デコード
9          print(line)
```

　リスト 6.6 は文字列として受信しました。リスト 6.6 の8行目と9行目をリスト 6.7 に変更することで値として取得することができ，それを print 文で確認することができます。

```
1    line = line.rstrip().decode('utf-8').strip().split(',')
           #カンマで値を分ける
2    print(line, line[0], line[1], line[2])
```

（3）データロガーを作成

　Arduinoで計測したデータをパソコンに送って，パソコンでそのデータを保存するデータロガーと呼ばれるものを作りましょう。

　Arduinoスケッチはリスト6.4を用います。このスケッチは図6.2に示す通信となり，1秒おきに「0, 0, 0.00」，「1, 1, 2.00」といった具合に送信されるものです。ここでは0, 1, 2, 3と増加するものでしたが，センサの値を送信することで時刻とデータの値をセットで保存するデータロガーとなります。

　次に，Arduinoからの値を受信して，「ファイルに保存」するためのPythonスクリプトをリスト6.8に示します。Pythonスクリプトが10回の繰り返しの途中で終わるとファイル出力の終了処理が行われないこともあります。その場合，ファイルに値が正常に保存されないことが起こります。そこで，6行目に示すようにwithとasを用いて書き出すファイルの設定をしています。これにより，終了処理が自動的に行われます。そして，ファイルへの出力は11行目で行っています。

　これを実行するとプロンプトにリスト6.6を実行したときと同じ出力が表示されます。そして，data.txtに同じ値が保存されます。

▶リスト6.8◀　3つの値を受信してファイルに保存（Python用）：
　　　　　　serial_receive_datalogger.py

```
1    import serial
2    import time
3
4    with serial.Serial('COM5', timeout=2.0) as ser:
5        time.sleep(5.0)
6        with open('data.txt', 'w') as f:      #ファイルの出力の設定
7            for i in range(10):
8                line = ser.readline()
9                line = line.rstrip().decode('utf-8')
10               print(line)
11               f.write((line)+'¥n')        #ファイルへの出力
```

6.3　パソコンから Arduino へのデータ送信

　今度は先ほどとは逆に，図 6.3 に示すようにパソコンから Arduino
へ文字や値を送る方法を説明します。これにより，深層学習で得られた
結果を使って電子工作を動かすことができるようになります。まずは，
パソコンから Arduino へ 1 バイト文字を送信する方法を説明します。
その後，数値を送信する方法の説明を行います。

（1）1 バイト文字の送信

　図 6.3 に示すように，パソコンから 1 バイトの文字を送り，Arduino
で受信して確認用 LED を点灯と消灯させるものを作ります。Arduino
には「a」を受信すると確認 LED が点灯し，「b」を受信すると確認用
LED が消灯するようなスケッチを書き込みます。

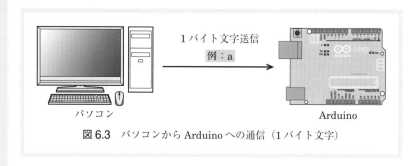

図 6.3　パソコンから Arduino への通信（1 バイト文字）

　まず，Arduino で受信して，送られた文字によって確認用 LED を点
灯・消灯させるスケッチをリスト 6.9 に示します。この手順は以下とし
ます。

- パソコンから文字が送られてきたかどうか調べる
- 送られていればそれを受信
  - 「a」ならば LED の点灯
  - 「b」ならば LED の消灯

　なお，Arduino に付いている確認用 LED を使いますので回路は作り
ません。

▶リスト 6.9◀　「a」か「b」を受信したら確認用 LED の点灯と消灯を切り替える
　　　　　　　（Arduino 用）：Serial_receive_byte.ino

```
1  void setup() {
2    Serial.begin(9600); // シリアル通信の設定
3    pinMode(LED_BUILTIN, OUTPUT);
4  }
5
6  void loop() {
```

```
7       if (Serial.available() > 0) {  // 受信しているかどうかの確認
8         char c = Serial.read();;//1文字受信
9         if (c == 'a') // 受信文字が「a」ならば
10          digitalWrite(LED_BUILTIN, HIGH); //LED点灯
11        else if (c == 'b') // 受信文字が「b」ならば
12          digitalWrite(LED_BUILTIN, LOW); //LED消灯
13      }
14    }
```

このスケッチを説明します。

7行目の Serial.available 関数の戻り値が Arduino が受信したデータのバイト数となっていますので，この値が0以上であれば Arduino が何か受信したことがわかります。

8行目の Serial.read 関数で1文字だけ読み取ります。これにより，何を受信したのかわかります。そして，1文字受信したため Serial.available 関数の戻り値が1だけ減ります。

9，10行目で受信した変数がa ならば確認用 LED を点灯します。11，12行目で受信した変数がb ならば確認用 LED を消灯します。

これで受信の準備は整いました。

次に，パソコンで文字を送信するスクリプトをリスト 6.10 に示します。受信と同じように4行目でシリアル通信の設定を with と as を用いて行っています。その後，シリアル通信が確立するまでの時間（5秒）を待って，6～10行目で「a」を送信し，1秒待ち，「b」を送信し，1秒待つことを5回繰り返します。送信には ser.write 関数を使います。

このスクリプトを実行すると Arduino の確認用 LED が1秒おきに5回点滅します。

▶リスト6.10◀ 「a」と「b」を交互に1秒間隔で5回送信（Python 用）: serial_send_byte.py

```
1   import serial
2   import time
3
4   with serial.Serial('COM5') as ser:      #ポートの設定
5       time.sleep(5.0)
6       for i in range(5):
7           ser.write(b'a')        #「a」の送信
8           time.sleep(1.0)        #1秒待つ
9           ser.write(b'b')        #「b」の送信
10          time.sleep(1.0)        #1秒待つ
```

Python はスクリプト言語ですので，コマンドで 1 行ずつ実行できる利点を使います。リスト 6.9 を Arduino に書き込んだら，Python のターミナルを起動します。ターミナルに入るために python とだけ入力します。以下を実行するとリスト 6.10 と同じ動作が行えます。

```
> python
>>> import serial
>>> ser = serial.Serial('COM5')
>>> ser.write(b'a')  ← LED が光る
1
>>> ser.write(b'b')  ← LED が消える
1
>>> ser.close()
```

(2) 数値の送信

パソコンから数値を送ります。図 6.4 に示すように，数値は「0」〜「255」の値とします。そして，その値で LED の明るさを変えるものを作ります。なお，analogWrite で設定できる範囲の値を送信するために「255」までの値を送っていますが，より大きい数（たとえば「400」や「1500」など）も送ることができます。

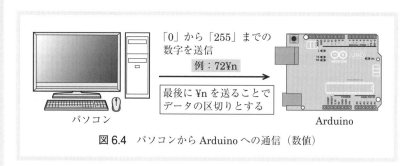

図 6.4 パソコンから Arduino への通信（数値）

確認用 LED は明るさを変えることはできないので，図 5.1 に示した電子回路を作成し，デジタル 9 番ピンを用いて LED の明るさを変えます。このスケッチをリスト 6.11 に示します。

このスケッチのポイントは 8 行目の Serial.parseInt 関数で long 型の整数値として受信する点です。なお，Serial.parseFloat 関数を用いると浮動小数点値として受信することができます。

▶**リスト 6.11**◀　値を受信して LED の明るさを変える（Arduino 用）：
　　　　　　　　　Serial_receive_value.ino

```
1  void setup() {
2    Serial.begin(9600);
3    pinMode(9, OUTPUT);
```

```
 4    }
 5
 6    void loop() {
 7      if(Serial.available()>0){
 8        long int v = Serial.parseInt(); // long int 型の数値を受信
 9        analogWrite(9, v);
10      }
11    }
```

　次に，パソコンで数値を送信するスクリプトをリスト 6.12 に示します。このスクリプトは数値を文字に変換して送る点がポイントです。8 行目で値を str 関数で文字列に変換し，それを UTF-8 にエンコードしています。そして，値の区切りとして改行コード（¥n）を値の後ろに付けて送信します。

　最後に回路を作ります。今回使用する回路の回路図は図 5.1 です[4]。

　実行すると，LED がぼわっと明るくなって，ぱっと消えることが 5 回繰り返されます。

[4] 図 5.1 は 83 ページ参照。

▶リスト 6.12◀　0 から 255 までの値を 5 回送る（Python 用）：serial_send_value.py

```
1    import serial
2    import time
3
4    with serial.Serial('COM5') as ser:      # ポートの設定
5        time.sleep(5.0)
6        for i in range(5):
7            for j in range(255):     # 0 ～ 255 の値を送るための繰り返し
8                ser.write((str(j)+'¥n').encode('utf-8'))   # 値として送信
9                time.sleep(0.01)   # 0.01 秒待つ
```

深層学習との連携
−ディープニューラルネットワーク−

図 7.1 に示すような回路を作り，2 章で行った簡単な深層学習を用いて，電子回路と深層学習を連携させる練習からはじめます。

なお，本章では図 1.1 に示した深層学習のうちのディープニューラルネットワーク（DNN）[*1] を使って実現します。

本章では以下の手順で説明を行います。

①**収集（電子工作）**　スイッチで学習のためのデータを作り，それを集める（7.1 節）

②**学習（深層学習）**　集めたデータで学習する（7.2 節）

③**分類（電子工作と深層学習の連携）**　スイッチで得たデータから答えを分類する（7.3 節）

> *1　本書では 2 層以上の全結合層を持つニューラルネットワークをディープニューラルネットワークと呼んでいます。ほかの本ではディープニューラルネットワークは CNN や RNN などを含めたニューラルネットワークを示すこともあります。

7.1　【収集】学習データの収集

使用する電子部品	
LED	5 個
抵抗（1 kΩ）	5 本
スイッチ	6 個

図 7.1 には入力を作るための 3 つのスイッチ（入力スイッチ）と入力状態を表す 3 つの LED（入力 LED）が付いています。そして，出力を作るための 2 つのスイッチ（出力スイッチ）と 2 つの LED（出力 LED）が付いています。さらに，入力状態をパソコンに送るためのスイッチ（送信スイッチ）が 1 つだけ付いています。

作るべき学習データは 2 章に示した 3 ビットの 2 進数の 1 の数です。ここでもう一度，表 7.1 に示します。

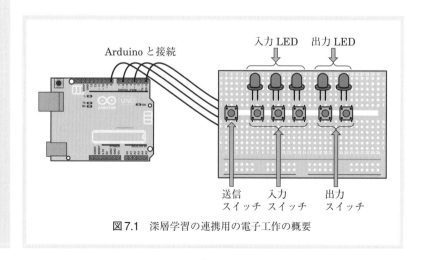

図 7.1　深層学習の連携用の電子工作の概要

表7.1　0と1からなる3ビットの入力の1の個数（再掲）

入力	答え	入力	答え
000	0	100	1
001	1	101	2
010	1	110	2
011	2	111	3

（1）電子工作

　Arduinoを使ってスイッチで学習データを作るための電子回路の配線図を図7.2に示します。

　まず，入力は3ビットなので3つのスイッチを使い，スイッチを押すたびにそれぞれのスイッチに対応したLEDが光ったり消えたりするものを作ります。この3つのLEDで入力データ（これが学習データと

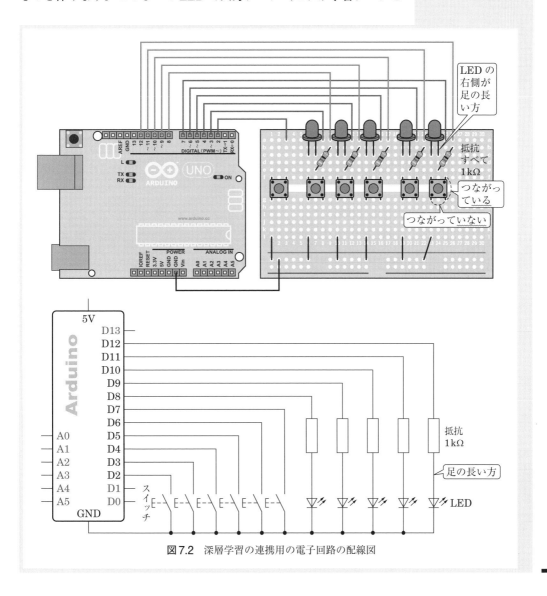

図7.2　深層学習の連携用の電子回路の配線図

なる）を表し，LED が光っているときは 1 を表し，消えているときは0 を表すものとします。

次に，出力は 0～3 までの数字なので，2 ビットの 2 進数でラベル（教師データ）を作るものとします。そこで，入力用のスイッチと同じ要領で 2 つのスイッチと 2 つの LED を付けます。

たとえば，入力が 001 で出力が 1 の場合は図 7.3（a）として表し，入力が 101 で出力が 2 の場合は図 7.3（b）として表すものとします。さらに，作成したデータを送信するためのスイッチを付けます。

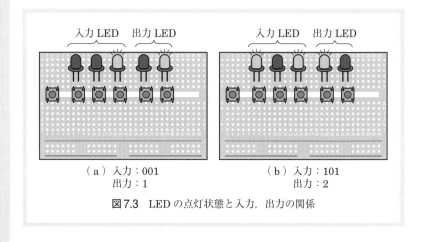

（a）入力：001
　　　出力：1

（b）入力：101
　　　出力：2

図7.3　LED の点灯状態と入力，出力の関係

（2）データ通信

データを作成し，送信のためのスイッチが押されたらパソコンに送ります。これを図で表すと図 7.4 となります。データはカンマ区切りとし，改行コードを付けて送ります。

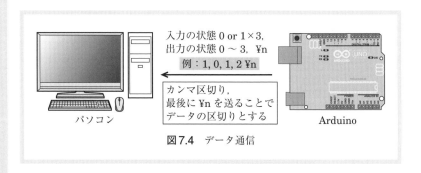

図7.4　データ通信

（3）スケッチ（Arduino）

スイッチで作成したデータをパソコンに送信するスケッチをリスト7.1 に示します。まずは大まかな説明をします。

入力スイッチと出力スイッチを押すたびにそれぞれに対応した LEDの点灯と消灯を切り替えます。そして，送信のためのスイッチを押すと

そのデータを送信します。このとき，出力は 2 進数を 10 進数に変換してから送信するものとします。

▶リスト 7.1 ◀　LED 状態の切り替えと送信（Arduino 用）：Logic_operator.ino

```
 1   boolean in0 = false;
 2   boolean in1 = false;
 3   boolean in2 = false;
 4   boolean out0 = false;
 5   boolean out1 = false;
 6
 7   void setup() {
 8     Serial.begin(9600);// シリアル通信の設定
 9     pinMode(2, INPUT_PULLUP); // 入力モードでプルアップ抵抗を有効に
10     pinMode(3, INPUT_PULLUP); // 同様
11     pinMode(4, INPUT_PULLUP); // 同様
12     pinMode(5, INPUT_PULLUP); // 同様
13     pinMode(6, INPUT_PULLUP); // 同様
14     pinMode(7, INPUT_PULLUP); // 同様
15     pinMode(8, OUTPUT); // 出力モードに
16     pinMode(9, OUTPUT); // 同様
17     pinMode(10, OUTPUT); // 同様
18     pinMode(11, OUTPUT); // 同様
19     pinMode(12, OUTPUT); // 同様
20   }
21
22   void loop() {
23     if (digitalRead(2) == LOW) {// 送信スイッチ
24       int out = out0 + out1 * 2;
25       Serial.println(String(in0) + "," + String(in1) + "," + String(in2)
            + "," + String(out));
26     }
27     else if (digitalRead(3) == LOW) { // 左の入力 LED の反転
28       in0 = !in0;
29     }
30     else if (digitalRead(4) == LOW) { // 中央の入力 LED の反転
31       in1 = !in1;
32     }
33     else if (digitalRead(5) == LOW) { // 右の入力 LED の反転
34       in2 = !in2;
35     }
36     else if (digitalRead(6) == LOW) { //1 ビット目の出力 LED の反転
37       out0 = !out0;
38     }
39     else if (digitalRead(7) == LOW) { //2 ビット目の出力 LED の反転
40       out1 = !out1;
41     }
42     digitalWrite(8, in0); //LED の点灯と消灯
43     digitalWrite(9, in1);
44     digitalWrite(10, in2);
45     digitalWrite(11, out0);
46     digitalWrite(12, out1);
47
48     delay(500);
49   }
```

それではスケッチの詳しい解説を行います。

1〜3 行目の in からはじまる変数は入力 LED の点灯状態，4，5 行目の out からはじまる変数は出力 LED の点灯状態を表すもので，true のときは LED を点灯させ，false のときは消灯させます。

次に，初期設定を行う setup 関数の説明を行います。最初にシリアル通信の設定をしています（8 行目）。その後，スイッチにつながるデジタル 2〜7 番ピンに何もつながっていないときに「HIGH」と認識されるように，INPUT_PULLUP を設定しています（9〜14 行目）。それぞれのピンの役割はこの後の loop 関数の説明のときに行います。この設定によって，スイッチが押されていないときは「HIGH」として認識され，スイッチが押されて GND ピンとつながったときに「LOW」として認識されます。そして，LED につながるデジタル 8〜12 番ピンを出力とするために OUTPUT に設定しています（15〜19 行目）。

続いて，loop 関数の説明を行います。

23 行目で，送信スイッチが押されたときの処理を行っています。24 行目では，2 ビットの 2 進数で示された値を 10 進数に直しています。25 行目では，入力の 3 ビットをカンマで区切って送った後に，10 進数に直した出力の値を送信し，最後に改行コードを送っています[*2]。

27〜41 行目で入力スイッチと出力スイッチの検出を行っています。スイッチが押された場合は，スイッチに対応した LED の状態を表す変数を反転させています。

42〜46 行目でそれぞれの LED の状態に合わせて LED の点灯状態を設定しています。

48 行目で 500 ミリ秒待っています。このスケッチではスイッチを押したままにしておくと点灯状態がどんどん反転してしまいます。そこで，このように 500 ミリ秒待ってから処理を繰り返すようにすることで，スイッチを押してから離すまでの時間を稼いでいます。

(4) スクリプト（パソコン）

送られてきたデータを受信してファイルに保存するスクリプトをリスト 7.2 に示します。このスクリプトは 6 章のリスト 6.8 を変更し，データの取得を無限ループにしたものとなります。データは図 7.4 にもあるようにカンマで区切られて，最後に改行コードが送られてきます。これは深層学習のデータとしてそのまま使いやすい形式ですので，送られてきたデータをそのままファイルに保存することとします。

*2　println 関数を用いていますので自動的に改行コードが送られます。

```
1   import serial
2   import time
3
4   with serial.Serial('COM5') as ser:
5       time.sleep(5.0)
6       with open('train_data.txt', 'w') as f:      # ファイルの出力の設定
7           while True:
8               line = ser.readline()
9               line = line.rstrip().decode('utf-8')
10              print(line)
11              f.write((line) + '¥n')        # ファイルへの出力
```

　まず，4 行目で COM5 ポートを用いたシリアル通信の設定を行っています。with と as を使うことでスクリプト終了時に自動的にシリアル通信を終了させるための処理が行われます。次に，6 行目では新規にデータを作成するモードでファイルを開きます。追加書き込みする場合は，open 関数の 2 番目の引数を w から a に変更してください。

　その後，7〜11 行目を繰り返しています。8 行目で改行コードまでの文字列を受信しています。9 行目で改行コードを取り除き，文字コードを UTF-8 に変換しています。それを 11 行目でファイルに保存しています。

　なお，終了するときには，Ctrl＋C を押してから，送信スイッチを押します[3]。

Tips　　**学習データは異なっても OK**

　本節では 2 章で用いた，入力の中に 1 がいくつあるか数えるものを作りましたが，表 7.2 や表 7.3 に示すような and や or でも構いません。ただし，and や or の場合は出力が 0 もしくは 1 の 2 種類ですので，次節以降で学習するスクリプトの出力の数を 4 から 2 へ変える必要があります。

表7.2　0 と 1 からなる 3 入力の AND

入力	答え	入力	答え
000	0	100	0
001	0	101	0
010	0	110	0
011	0	111	1

表7.3　0 と 1 からなる 3 入力の OR

入力	答え	入力	答え
000	0	100	1
001	1	101	1
010	1	110	1
011	1	111	1

7.2 【学習】集めたデータを学習

　7.1 節に従って集めたデータを学習します。使用する学習スクリプトはリスト 2.1 を変更し、ファイルから学習データを読み込むようにしたリスト 2.2 の一部を組み込んだスクリプトとなります。

　また、本節では、読み込む学習データのテキストがカンマ区切りですので、カンマ区切りテキストを読み込むように split 関数の引数をリスト 7.3 として変更しました。

▶リスト 7.3◀　カンマ区切りテキストファイルの読み込み（Python 用）：logic_train.py

```
1  d = l.strip().split(',')  #カンマでデータを分ける
```

　なお、次節の分類を行う前に、リスト 7.3 に示すスクリプトを実行して、学習済みモデルを作ってください。学習済みモデルは実行後に同じフォルダ内に result フォルダが生成されそのフォルダの中に作られます。

7.3 【分類】入力データを分類

　Arduino でデータを計測して、学習済みモデルを用いて分類することを行いましょう。なお、分類結果はパソコンのプロンプトに表示するものとします。これにはあらかじめ 7.2 節のスクリプトを実行して、学習済みモデルを作成しておく必要があります。

　Arduino は 7.1 節に示したのと同じ電子回路とスケッチを使います。入力データを作ってから送信のためのデータを送ることができます。なお、今回はデジタル 11、12 番ピンにつながる出力スイッチは使用しません。

　次に、送られてきたデータを判別して画面に表示するためのスクリプトをリスト 7.4 に示します。これはリスト 2.3 をもとにして作成しました。

　変更点の 1 つ目として、データは Arduino から送られてくるものを使うためファイルからデータを読み取る部分を削除します。

　変更点の 2 つ目は判定部分の追加です。14〜16 行目で Arduino からデータを受け取ります。それを TensorFlow で処理できるように変更し（17、18 行目）、そのデータを判別します（19〜21 行目）。そして、これを 13 行目の while 文でずっと繰り返します。

```python
import tensorflow as tf
from tensorflow import keras
import numpy as np
import serial
import os

def main():
    # ネットワークの登録
    model = keras.models.load_model(os.path.join('result','outmodel'))

    # 学習結果の評価
    with serial.Serial('COM5') as ser:
        while True:
            line = ser.readline()
            line = line.rstrip().decode('utf-8')
            data = line.strip().split(',')
            data = np.array(data, dtype=np.float32)
            data = data[:3]   # 次元削減
            x = data.reshape(1, 3)
            result = model.predict(x)
            print(f'input: {data}, result: {result.argmax()}')

if __name__ == '__main__':
    main()
```

　最後に判定のためのスクリプトの実行結果を示します。まず，リスト7.1が書き込まれたArduinoを起動してから，以下のようにスクリプトを実行します。入力データを作成して送信すると，以下のように0～3までの数字がコンソールに表示されます。この例では最初のテストでは0に分類され，次のテストでは1に分類されています。なお，無限ループから抜けて終了するにはCtrl＋Cを押し，その後，送信のためのスイッチを押します。

```
>python logic_test.py
input: [0. 0. 0.], result: 0
input: [0. 0. 1.], result: 1
input: [1. 1. 0.], result: 2
input: [1. 1. 1.], result: 3
    <-Ctrl+Cを押してから電子回路の送信ボタンを何回か押す
>
```

第8章 深層学習で距離計測 −ディープニューラルネットワーク−

2章の後半で紹介した回帰問題を扱います。この章では，図8.1に示すような回路を作り，センサの出力と距離の関係を表すデータを集めます。そして，センサ出力と距離の対応関係を学習することで，センサ出力から距離を算出するものを作ります。

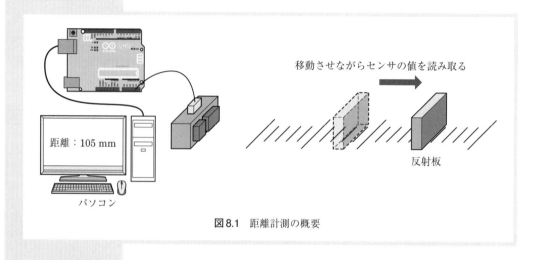

移動させながらセンサの値を読み取る

距離：105 mm

反射板

パソコン

図8.1　距離計測の概要

なお，本章では図1.1に示した深層学習のうちのディープニューラルネットワーク（DNN）[*1]を使って実現します。

本章では以下の手順で説明を行います。

①**収集（電子工作）**学習のためのデータを集める（8.1節）

②**学習（深層学習）**集めたデータで学習する（8.2節）

③**予測（電子工作と深層学習の連携）**センサの値から距離を予測する（8.3節）

④**発展（電子工作）**学習データを自動的に集める（8.4節）

*1 本書では2層以上の全結合層を持つニューラルネットワークをディープニューラルネットワークと呼んでいます。ほかの本ではディープニューラルネットワークはCNNやRNNなどを含めたニューラルネットワークを示すこともあります。

8.1 【収集】学習データの収集

使用する電子部品

測距モジュール（GP2Y0A21YK）1個

学習データの収集を自動で行うためには，少し複雑な手順が必要になります。そこで，学習データの自動化は8.4節で行います。この節では，電子回路でセンサの値を読み取り，データを集めてそれをシリアルモニタに表示する方法を紹介します。

この節では，図8.1に示すようにArduinoに距離センサを1つだけ付

けたものを作ります。そして，反射板との距離を変えながら Arduino で
読み取ってシリアルモニタに表示した値を手動で集めることを行います。

（1）電子工作

　距離センサの値を読み取って学習データを作るための電子回路の配線
図を図 8.2 に示します。今回はこれだけです。

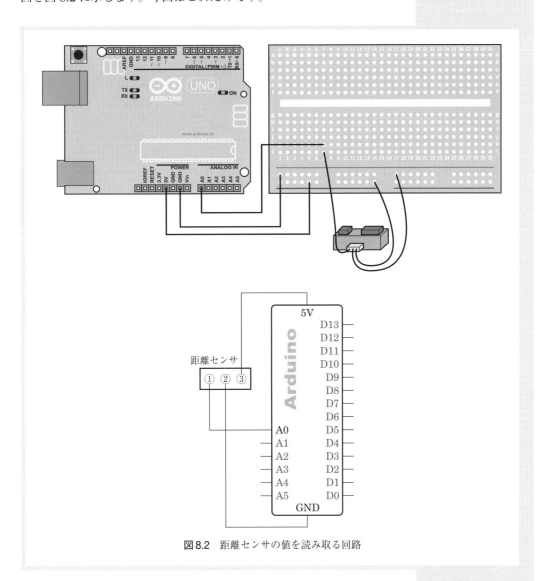

図8.2　距離センサの値を読み取る回路

（2）データ通信

　一定間隔で読み取ったセンサの値（0〜1023 の値）を改行コードを
付けて送ります。なお，受信したデータはシリアルモニタで表示します。

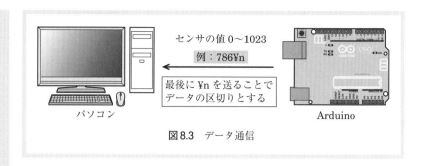

図 8.3　データ通信

(3) スケッチ (Arduino)

センサの値を読み取って改行コード付きで送信するスケッチをリスト8.1 に示します。これはリスト5.3 のスケッチからスイッチの状態の読み取りを削除したものになります。

▶リスト8.1◀　距離センサの読み取りと送信（Arduino 用）：Kousei_save.ino

```
1   void setup() {
2     Serial.begin(9600); // シリアル通信の設定
3   }
4
5   void loop() {
6     int a;
7     a = analogRead(0); // センサの値の読み取り
8     Serial.println(a); // 値を送信（改行コード付き）
9
10    delay(500);//0.5秒待ち
11  }
```

(4) スクリプト (パソコン)

データの収集は次に示すように手動で行うためスクリプトは作成しません。自動的に保存する方法は8.4 節で紹介します。

(5) 収集方法

Arduino スケッチを実行して，シリアルモニタを開くと 0.5 秒おきに読み取ったセンサの値が表示されます。そのときに，距離センサで読み取った値と反射板との距離をものさしで測り，左にセンサの値，右に距離（単位は mm）[*2] として train_data.txt に次ページのようにまとめます。値の区切りには半角スペースを用います。距離は等間隔でなくても構いません。

なお，2.6 節で用いたデータには本節で用いる筆者が実際に実験で得た値から間引いたデータを使用しています。

*2　ここではミリメートルで計測した結果を載せましたが，単位がそろっていればセンチメートルやメートルとしても問題ありません。

```
630  50
608  60
547  70
500  80
(後略)
```

距離の範囲とデータ数

　測距モジュール（GP2Y0A21YK）の計測範囲は仕様書によると 50〜600 mm 程度ですが，実験するときには 100〜300 mm で行うとセンサの値が安定しうまくいきます。そして，取得するデータ数は 10 か所以上あるとよいです。筆者は 10 mm おきに 30 個のデータを計測して使いました。

8.2　【学習】集めたデータを学習

　8.1 節に従って集めたデータを学習します。使用する学習スクリプトはリスト 2.4 と同じです。同じスクリプトですが，試しやすいように，ダウンロードしたプログラムでは ch8 フォルダの中の Kousei_train フォルダに保存してあります。

　まず，作成した train_data.txt を Kousei_train フォルダにコピー（または移動）します。そして，kousei_train.py を実行し，学習済みモデルを作成します。学習済みモデルは result フォルダとなります。

　なお，次節の分類には学習済みモデルが必要となるため，kousei_train.py を実行して，学習済みモデルを作っておいてください。

8.3　【予測】センサで計測したデータの予測

　Arduino でデータを計測して，学習済みモデルを用いて距離を予測することを行います。予測結果はパソコンのプロンプトに表示します。これにはあらかじめ 8.2 節のスクリプトを実行して，学習済みモデルを作成しておく必要があります。

　Arduino は 8.1 節に示したのと同じ電子回路とスケッチを用います。

　次に，送られてきたデータを判別して画面に表示するためのスクリプトをリスト 8.2 に示します。これはリスト 2.3 をもとにして，ファイルからデータを読み込むのではなく，Arduino から送られてきたデータを使うように変更しています。

▶リスト 8.2◀　受信したデータの予測（Python 用）：kousei_test.py

```python
1   import tensorflow as tf
2   from tensorflow import keras
3   import numpy as np
4   import serial
5   import os
6
7   def main():
8       # ネットワークの登録
9       model = keras.models.load_model(os.path.join('result','outmodel'))
10
11      # 学習結果の評価
12      with serial.Serial('COM5') as ser:
13          while True:
14              line = ser.readline() # 送られてきたデータの読み取り
15              line = line.rstrip().decode('utf-8')
16              data = line.strip().split(',')
17              data = np.array(data, dtype=np.float32)
18              predictions = model.predict(data) # 距離の予測
19              print(f'{data[0]:.0f},{predictions[0][0]:.1f}') # 表示
20
21  if __name__ == '__main__':
22      main()
```

最後に判定のためのスクリプトの実行結果を示します。まず、リスト 8.1 に示す kousei_save.ino が書き込まれた Arduino を起動してから、kousei_test.py を実行します。Arduino からは 0.5 秒おきに送られたデータと予測値が表示されます。距離センサから反射板までの距離を変えると以下のように値が変わります。

このデータがどの程度正しいかを調べるために、学習データと本節で得られたセンサの値と距離の関係を図 8.4 に示します。学習データに用いた実際の距離とセンサの値から予測した距離がそこそこ合っている[*3] ことが確認できます。

*3　そこそこにしか合わない理由として、（1）学習データが少ないこと、（2）センサに誤差が含まれていること、があります。

```
>kousei_test.py
403,111.9
387,117.6
360,127.1
333,136.7
323,141.7
280,182.5
275,188.4
263,202.6
259,207.3
251,216.8
247,221.5
（0.5 秒おきに表示される。）
<-Ctrl+C で終了できる
```

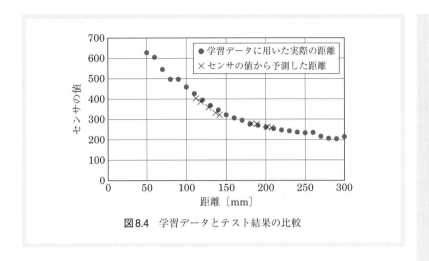

図8.4 学習データとテスト結果の比較

8.4 【発展】学習データの収集の自動化

8.1 節ではシリアルモニタに表示した値を手動で読み取って，学習データ（train_data.txt）を作成しました。これを自動化するための電子工作を紹介します。

学習データはセンサの値と実際の距離を一緒に保存する必要があります。そこで，実際の距離データをパソコンに送る必要があります。実際の距離データを送信する仕組みを実装する点が複雑になります。

方針は以下の通りです。

- 距離センサの値とボリュームの値を送信
- その値を受信してプロンプトに表示
- ボリュームの値が実際の距離と一致するようにボリュームを調整，または距離センサを移動させて調整
- スイッチを押すと距離センサの値と距離に相当するボリュームの値をファイルに保存

（1）電子工作

距離センサの値，ボリュームの値，スイッチの値を読み取って送信するための電子回路の配線図を図 8.5 に示します。

（2）データ通信

一定間隔で読み取ったセンサの値（0～1023 の値），ボリュームの値，スイッチの値をカンマで区切って送信し，最後に改行コードを付けて送ります。

使用する電子部品	
測距モジュール（GP2Y0A21YK）	1個
ボリューム	1個
スイッチ	1個

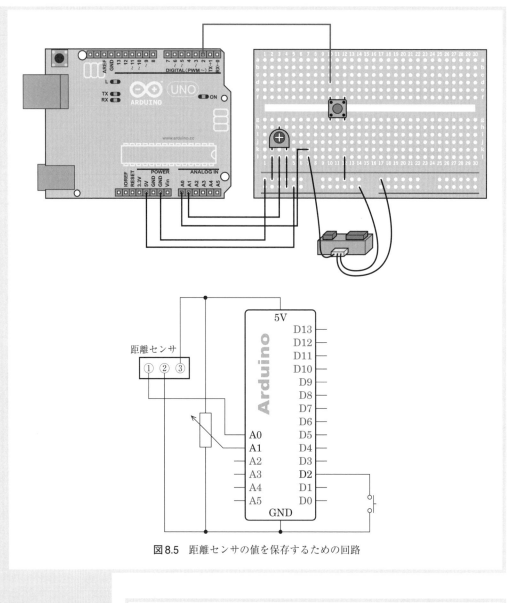

図8.5　距離センサの値を保存するための回路

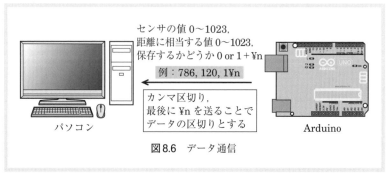

図8.6　データ通信

（3）スケッチ（Arduino）

　センサの値を読み取って改行コード付きで送信するスケッチをリスト8.3に示します。これは8.1節のスケッチにボリュームの値を読み取る部分とスイッチの状態を読み取る部分を追加したものになります。またここでは，リスト6.5を応用して3つの値を1行で送っています。

▶リスト8.3◀　3つの値を送信（Arduino用）：Kousei_send.ino

```
1   void setup() {
2     Serial.begin(9600);
3     pinMode(2,INPUT_PULLUP);// スイッチが押されてないとき HIGH
4   }
5
6   void loop() {
7     int a, b, c;
8     a = analogRead(0);// 距離センサの値
9     b = analogRead(1);// ボリュームの値
10    c = digitalRead(2);// スイッチの値
11    Serial.println(String(a)+','+String(b)+','+String(c));
12
13    delay(1000);
14  }
```

（4）スクリプト（パソコン）

　6.2節のデータロガーのスクリプトを応用して作成したスクリプトをリスト8.4に示します。まず，受信した値の3つ目に書かれたスイッチの値を判別します（12行目）。押されている場合，センサの値（1つ目の値）と距離に相当する値（2つ目の値）をファイルに保存します。

▶リスト8.4◀　3つの値を受信してファイルに保存（Python用）：kousei_receive.py

```
1   import serial
2   import time
3
4   with serial.Serial('COM5') as ser:  # ポートのオープン
5       time.sleep(5.0)
6       with open('data.txt', 'w') as f:  # ファイルの出力の設定
7           while True:
8               line = ser.readline()   # 送られてきたデータを読み取る
9               line = line.rstrip().decode('utf-8')
10              data = line.strip().split(',')
11              print(f'{data[0]}, {data[1]}')  # データの表示
12              if data[2] == '0': # ボタンが押されていれば
13                  f.write((f'{data[0]}, {data[1]}')+'¥n')   # ファイルへの出力
```

第9章 深層学習でお札の分類 −ディープニューラルネットワーク−

図9.1に示すように，反射型の光センサでお札の数か所の色（白黒の濃度）を測り，それが何円札か判別するものを作ります。

なお，本章では図1.1に示した深層学習のうちのディープニューラルネットワーク（DNN）[*1]を使って実現します。

*1　本書では2層以上の全結合層を持つニューラルネットワークをディープニューラルネットワークと呼んでいます。ほかの本ではディープニューラルネットワークはCNNやRNNなどを含めたニューラルネットワークを示すこともあります。

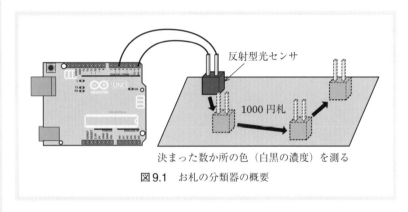

決まった数か所の色（白黒の濃度）を測る

図9.1　お札の分類器の概要

本章では以下の手順で説明を行います。
①収集（電子工作）　センサで学習のための色データを集める（9.1節）
②学習（深層学習）　集めた色データで学習する（9.2節）
③分類（電子工作と深層学習の連携）　センサで得た色データからお札を分類する（9.3節）

9.1　【収集】センサで色データの収集

Arduinoを使ってセンサで色データを集めるための方法を紹介します。

使用する電子部品	
フォトリフレクタ （RPR-220）	1個
抵抗（1 kΩ）	1本
抵抗（220 Ω）	1本
スイッチ	5個

（1）センサによる計測

使用するセンサは反射型のフォトリフレクタというもので，図9.2のように四角いケースから4本の足が出ている形をしています。その四角いケースの中に赤外線LEDとフォトトランジスタが入っています。このセンサは赤外線LEDの光の反射光の強さをフォトトランジスタで計測します。たとえば，図9.2（a）に示すように，白い紙に光を当てた場合は強く反射します。逆に，（b）に示すように，黒い紙に光を当てた場合は反射光の強さは弱くなります。この性質を利用してどのくらいの色

の濃さかを調べます。なお，フォトリフレクタは図9.2に示したように反射光を計測するため，フォトリフレクタ自体を紙にぴったりくっつけると，反射した光がフォトリフレクタに入らないため計測できません。そこで，今回扱うセンサは1〜5mm程度お札から離します。また，距離が変わると同じ色でも反射光の強さが変わります。そのため，距離は毎回同じになるような工夫を9.1節（4）で行います。

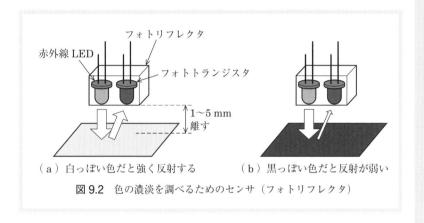

図9.2　色の濃淡を調べるためのセンサ（フォトリフレクタ）

　お札の分類をするときに，1つのお札につき1か所だけ色を調べてもうまく分類できません。さらに，毎回違う数か所の位置の色を調べてもうまく分類できません。

　そこで，図9.3のようにお札の上に4か所穴の開いた紙を乗せて，穴の開いている位置のお札の色を調べることにします。なお，お札の画像は日本銀行のホームページ*2で公開されています。

*2　https://www.boj.
or.jp/note_tfjgs/note/
valid/issue.htm/

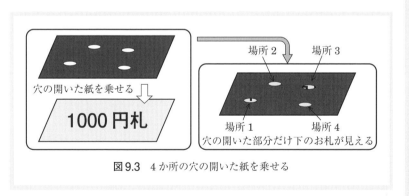

図9.3　4か所の穴の開いた紙を乗せる

（2）データ通信

　本節で行うデータ通信を図9.4に示します。4か所の色をArduinoで計測して，そのデータの後ろに種類を表すラベルを付けて，パソコンに送ります。その際に，値の区切りはカンマとし，最後に改行コードを付けます。

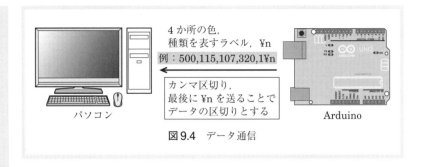

例：500,115,107,320,1¥n

4か所の色,
種類を表すラベル, ¥n

カンマ区切り,
最後に¥nを送ることで
データの区切りとする

パソコン　　　　　　　　　　　　　　　　　　Arduino

図9.4　データ通信

　この通信によって作られる学習データは以下のように，はじめの4つがそれぞれの位置での計測した色の濃さに相当する入力データであり，最後の数字がお札の種類を表すラベルです。本節ではそれを1つのファイルに保存します。

> 場所1の明るさ, 場所2の明るさ, 場所3の明るさ, 場所4の明るさ, ラベル
> 場所1の明るさ, 場所2の明るさ, 場所3の明るさ, 場所4の明るさ, ラベル
> 場所1の明るさ, 場所2の明るさ, 場所3の明るさ, 場所4の明るさ, ラベル
> （以下同様に続く）

　以下は実際に本節で示す回路とプログラムを用いて作成したデータの一部です。たとえば，1行目と5，6行目はラベルが0となっており，同じお札となっていますが，測定値は全く同じにはなっていません。実際のデータはこのように，ばらつきのあるデータとなります。

```
406,104,125,215,0
500,115,107,320,1
78,80,108,100,2
214,146,72,110,3
441,115,106,213,0
320,129,115,225,0
（以下続く）
```

(3) 回路

　次に配線図を図9.5に示します。センサをアナログ0番ピンにつなぎます。デジタル3〜6番ピンにつながったスイッチを押すと計測がはじまります。たとえば，1万円札を測る場合は3番ピンにつながるスイッチ，5千円札を測る場合は4番ピンにつながるスイッチを押すと決めておきます。お札の色を測るタイミングはデジタル2番ピンにつながったスイッチを押したときとします。そして，4か所の色を測った後，パソコンにデータを送るようにします。たとえば，1万円札のデータを計測するには「3番ピンにつながるスイッチ→2番ピンにつながるスイッチを4回」という順番で押します。

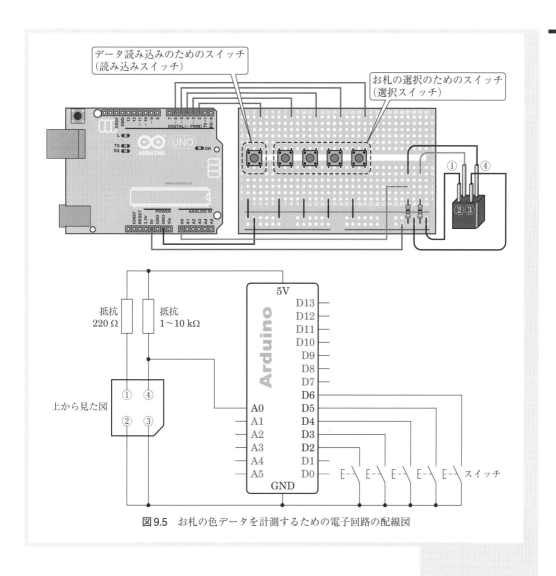

図9.5 お札の色データを計測するための電子回路の配線図

また，反射型光センサのピンの足の方から見たピン配置は図 9.6 とな
ります。

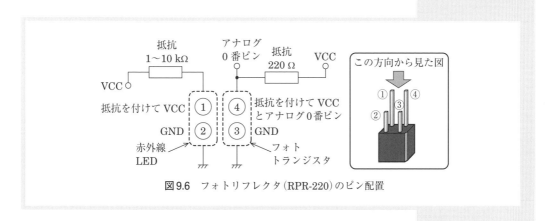

図9.6 フォトリフレクタ (RPR-220) のピン配置

＊3　タピオカミルクを飲むときに使うような太いストロー（直径 8 mm 程度）を使うとうまくいきました。

＊4　さらに，ストローにビニールテープなどを巻いて遮光すると，太陽光や蛍光灯の光などの影響を減らせます。

（4）工作

センサを図 9.7 のような筒に入れることとします＊3。そして，円筒の先端から少し（1〜5 mm 程度）浮かして取り付けます。この「円筒の先端」をお札にぴったりとくっつけて使うこととします。こうすることで，お札とセンサまでの距離が一定となるので毎回同じような計測データが得られます＊4。

フォトリフレクタからは図 9.7 のように 4 本の線をオス-メスピンを使って伸ばします。そして，オスのピンをブレッドボードに差して使うことをお勧めします。このとき，オス-メスピンからフォトリフレクタが抜けないようにテープで留めておくとトラブルが減ります。また，オス-メスピンが短くて計測しにくい場合には，図 9.7 の右側に示す方法でオス-メスピンを延長すると計測がしやすくなります。

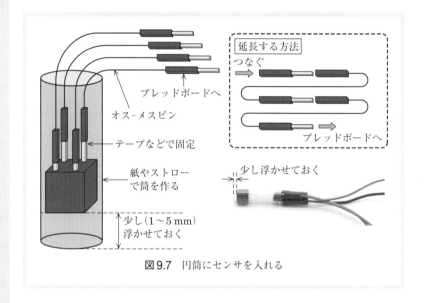

図9.7　円筒にセンサを入れる

（5）スケッチ（Arduino）

計測した色データをパソコンに送信するスケッチを作ります。

まずは大まかな説明をします。選択スイッチ（デジタル 3〜6 番ピンにつながっているスイッチ）を押してお札の種類を決め，その種類を ss 変数に保存します。その後，読み込みスイッチ（デジタル 2 番ピンにつながっているスイッチ）を押すたびに配列 dd に値を保存します。4 か所目の値を読み込んだ後，パソコンにデータを送信します。

それではスケッチの詳しい解説を行います。

まず，いくつかの変数の説明を行います。MaxPoint 変数で 4 か所のデータを読み込むことを設定します。この値を変えると計測する場所の数を変更できます。dd 配列は計測したデータを保存しておく配列で，4 か所のデータを保存しておきます。dn 変数は計測したデータの数を表

```
1    const int MaxPoint = 4;  // 計測位置の数
2    int dd[MaxPoint];  // 色の保存
3    int dn;  // 保存した色の数
4    boolean rf;
5    int ss;  // お札の種類
6
7    void setup() {
8      Serial.begin(9600);
9      pinMode(2, INPUT_PULLUP);  // インプットプルアップ
10     pinMode(3, INPUT_PULLUP);  // 同様
11     pinMode(4, INPUT_PULLUP);  // 同様
12     pinMode(5, INPUT_PULLUP);  // 同様
13     pinMode(6, INPUT_PULLUP);  // 同様
14     dn = 0;
15     rf = true;
16     ss = -1;
17   }
18
19   void loop() {
20     if (digitalRead(2) == LOW) {   // チャタリング防止
21       rf = false;
22       delay(100);
23     }
24     else {
25       if (rf == false) {  // ボタンが離されたら
26         rf = true;   // 次のボタンが押されたら
27         int v = analogRead(0);
28         dd[dn] = v;  // データを配列に
29         dn ++;
30         if (dn == MaxPoint) {   // 5個のデータを読み取ったら
31           for (int i = 0; i < MaxPoint; i++)
32             Serial.print(String(dd[i]) + ",");  // データの送信
33           Serial.println(ss);   // 最後にお札の種類と改行コードを送信
34           dn = 0;
35         }
36       }
37     }
38     if (digitalRead(3) == LOW) {
39       ss = 0;  // お札の種類
40       dn = 0;  // 読み込んだデータ数を0に
41     }
42     else if (digitalRead(4) == LOW) {
43       ss = 1;
44       dn = 0;
45     }
46     else if (digitalRead(5) == LOW) {
47       ss = 2;
48       dn = 0;
49     }
50     else if (digitalRead(6) == LOW) {
51       ss = 3;
52       dn = 0;
53     }
54   }
```

す変数です。これがMaxPoint変数に設定した値の4になるとデータをパソコンへ送信することとなります。rfはスイッチを離したタイミングを検出するための変数です[*5]。この処理を行わないと押している間ずっと計測し続けてしまいます。そして，ssはお札の種類を保存するための変数となっています。

　次に，初期設定を行うsetup関数の説明を行います。最初に，シリアル通信の設定をしています（8行目）。その後，スイッチにつながるデジタル2〜6番ピンをすべてINPUT_PULLUPにしています（9〜13行目）。この設定によってスイッチが押されていないときは「HIGH」として認識され，スイッチが押されてGNDピンとつながったときに「LOW」として認識されるようになります。

　続いてloop関数の説明を行います。この関数の中でお札の色の濃さの計測とデータの送信を行っています。

　まずは，38行目以降のdigitalRead関数の引数が3〜6までのif文の説明から行います。ここでは，どのお札のデータを読み込むかを設定しています。たとえば，digitalRead(4)が書かれたif文の中では，お札の種類を表す変数ssを1としています。そして，計測したデータの数を表す変数dnを0に戻しています。

　次に，20行目のif文の説明を行います。このif文では，デジタル2番ピンにつながっているスイッチが押されて離されたときにのみ計測が行われるようにしています。データの読み込みはelse文の中で行われ，読み込んだデータの数が4つになると，データをカンマ区切りで送信し，その後，お札の種類を送り，最後に改行コードを送っています。

(6) スクリプト（パソコン）

　送られてきたデータを受信してファイルに保存するスクリプトはリスト7.2と同じです。異なる点は，終了するときには，Ctrl＋Cを押してから，読み込みスイッチを「最大4回」押さなければならない点です。

▶リスト9.2◀　お札データの保存（Python用）：bill_save.py

```
1  import serial
2  import time
3
4  with serial.Serial('COM5') as ser:  #ポートのオープン
5      time.sleep(5.0)
6      with open('train_data.txt', 'w') as f:  #ファイルの出力の設定
7          while True:
8              line = ser.readline()   #送られてきたデータを読み取る
9              line = line.rstrip().decode('utf-8')
10             print(line)
11             f.write((line) + '\n')  #ファイルへの出力
```

9.2 【学習】集めたデータを学習

　集めたデータを学習しましょう。学習スクリプトはリスト2.1に示したスクリプトをもとにして，入力層のノード数を4，中間層の層の数を2層でノード数を10，出力層のノード数を4に変更したリスト9.3を用います。ここでは変更点だけ載せることとします。なお，中間層の数やノードの数は問題に合わせて人間が経験的に決めます。

　まず，ネットワークの設定から説明します。ネットワークは27〜33行目で設定しています。

▶リスト9.3◀　お札データの学習（Python用）：bill_train.py

```
1   import tensorflow as tf
2   from tensorflow import keras
3   import numpy as np
4   import os
5
6   def main():
7       epoch = 1000  # epoch数
8
9       # データの作成
10      with open('train_data.txt', 'r') as f:  # ファイルのオープン
11          lines = f.readlines()  # ファイルから読み込み
12      # 入力用データとラベル（教師データ）
13      data = []
14      for l in lines:
15          d = l.strip().split(',')  # カンマでデータを分ける
16          data.append(list(map(int, d)))  # データの追加と変換
17      data = np.array(data, dtype=np.int32)
18      input_data, label_data = np.hsplit(data, [4])
19      label_data = label_data[:, 0]  # 次元削減
20      input_data = np.array(input_data, dtype=np.float32)  # 型の変換
21      label_data = np.array(label_data, dtype=np.int32)
22
23      train_data, train_label = input_data, label_data  # 訓練データ
24      validation_data, validation_label = input_data, label_data  # 検証データ
25
26      # ネットワークの登録
27      model = keras.Sequential(
28          [
29              keras.layers.Dense(10, activation='relu'),
30              keras.layers.Dense(10, activation='relu'),
31              keras.layers.Dense(4, activation='softmax'),
32          ]
33      )
34  （以下リスト2.1と同じ）
```

　次に，ファイルからデータを読み取って学習データを作成する部分は10〜24行目となっています。これはリスト2.2をもとにしています。

集めたデータは最初の4つが色データ，最後の1つがラベルとなっています。そのため，input_data に最初の4つの数字が入るように変更しています。

実行すると以下のように表示されます。実行が終わると result フォルダの下に out.model が生成されます。なお，学習終了時の 1000 エポックの列の accuracy の数値（以下の例では 0.9792）が 0.9 以上あると，次節で行うお札の分類がうまくいきます。もし，0.9 よりも小さい場合は学習データの数が少ないので 9.1 節で行ったデータ収集を何度か行ってデータ数を増やしてください。なお，データを追加する場合はリスト 9.2 の 6 行目の open の 2 番目の引数を w から a に変えてください。

```
> python bill_train.py
Epoch 1/1000
48/48 [==============================] - 0s 10ms/sample
    - loss: 48.4092 - accuracy: 0.3958 - val_loss:
    44.2113 - val_accuracy: 0.3958
Epoch 2/1000
18/18 [==============================] - 0s 715us/
    sample - loss: 42.1542 - accuracy: 0.4167 - val_
    loss: 39.3922 - val_acc
（中略）
Epoch 999/1000
48/48 [==============================] - 0s 577us/
    sample - loss: 0.0778 - accuracy: 0.9792 - val_
    loss: 0.0700 - val_accuracy: 0.9792
Epoch 1000/1000
48/48 [==============================] - 0s 605us/
    sample - loss: 0.0788 - accuracy: 0.9792 - val_
    loss: 0.0702 - val_accuracy: 1.0000
```

9.3　【分類】センサで計測したデータの分類

学習済みモデルを用いて，Arduino で計測したデータを分類することを行いましょう。実行すると，何円札かを判別して 0〜3 までの数字がプロンプトに表示されます。なお，0〜3 までの数字はスイッチにつながるデジタルピンの番号に対応し，0 と表示された場合は，収集の際にデジタル 3 番ピンにつながるスイッチを押してからセンサで調べたお札の種類となります。

Arduino のスケッチと回路は 9.1 節に示したのと同じものを使います。簡単に試せるように，本節の分類ではデジタル 3〜6 番ピンにつながるスイッチはデータ取得開始を表すために使うこととします。そのため，どのスイッチも同じ役割となります。9.1 節に示した電子回路とスケッチを使うため，データの最後に押したスイッチの番号に相当する数字が

送られますが，この後に示す分類のための Python スクリプトではその値は受信するけれども使わないようにします。

　それでは，送られてきたデータを判別して画面に表示するためのスクリプトの説明を行います。これはリスト 7.4 と同様の手順で行っています。大きく分けると 3 点あり，学習済みモデルの読み込み，Arduino から送られたデータの取得，判定です。

　まず，学習済みモデルの読み込みは 8 行目で行っています。

　次に，Arduino から送られたデータの取得は 13 ～ 15 行目で行い，17行目でセンサの値を抽出し，18 行目で TensorFlow への入力に適した型に変換しています。

　最後に，19 行目で判定し，20 行目で判定結果を表示しています。

▶リスト 9.4 ◀　受信したデータの分類（Python 用）：bill_test.py

```python
import tensorflow as tf
from tensorflow import keras
import numpy as np
import os
import serial

def main():
    model = keras.models.load_model(os.path.join('result', 'outmodel'))
        # モデルの読み込み

    # 学習結果の評価
    with serial.Serial('COM5') as ser:    # ポートのオープン
        while True:
            line = ser.readline()    # 送られてきたデータを読み取る
            line = line.rstrip().decode('utf-8')
            data = line.strip().split(',')    # カンマでデータを分ける
            data = np.array(data, dtype=np.int32)
            data = data[:4]    # 次元削減
            data = np.array(data, dtype=np.float32)
            result = model.predict(data.reshape(1, 4))    # テストデータの予測
            print(f'input: {data}, result: {result.argmax()}')
                # どの値が最も大きいかを計算して表示

if __name__ == '__main__':
    main()
```

　最後に判定のためのスクリプトの実行結果を示します。まず，Arduinoをパソコンにつないでから，次ページのようにスクリプトを実行します。4 か所の色の濃さのデータを計測して送信すると，次ページのように 0～ 3 までの数字がコンソールに表示されます。この例では，最初のテストでは 0 に分類され，次のテストでは 1 に分類されています。なお，無限ループから抜けて終了するには Ctrl＋C を押し，その後，読み込みスイッチを最大 4 回押します。

```
>python bill_test.py
input: [357. 130.  97. 287.], result: 0
input: [398. 190. 147. 222.], result: 1
input: [161. 170. 140. 151.], result: 2
input: [268. 235. 138. 239.], result: 3
     <-Ctrl+Cを押してからスイッチを最大4回押すと終了
>
```

## 第10章

深層学習で画像認識
−畳み込みニューラルネットワーク−

　いろいろな手の形をカメラで撮って，その場で形を分類するものを作ります。そして発展課題として，登録した手の形をカメラの前にかざすことで箱のカギを開けたり閉めたりするものを作ります。

　なお，本章では図1.1に示した深層学習のうちの畳み込みニューラルネットワーク（CNN）を使って実現します。

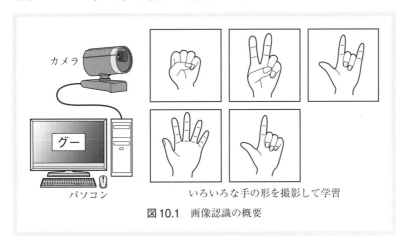

図10.1　画像認識の概要

本章では以下の手順で説明を行います。

①**準備（カメラの設定）**　カメラを使うための設定をする（10.1節）

②**収集（深層学習）**　カメラで学習のための画像を集める（10.2節）

③**学習（深層学習）**　集めた画像を学習する（10.3節）

④**分類（深層学習）**　カメラで得た画像を分類する（10.4節）

⑤**発展（電子工作と深層学習の連携）**　分類画像によってカギを開ける（10.5節）

10.1　【準備】カメラの設定

　本章ではUSBカメラを使うために，以下のコマンドでOpenCVライブラリをインストールする必要があります。インストールが成功すると「Successfully」からはじまる行が表示されて終わります。

```
> pip install opencv-python
Collecting opencv-python
（中略）
Successfully installed opencv-python-4.0.0.21
```

リスト10.1に示すスクリプトを実行すると，図10.2のようにカメラ画像が画面上に表示できることを確認してください。なお，「gray」と書かれたウインドウをアクティブにした状態で「s」を入力すると画像が保存され，「Esc」キーを押すと終了します。

▶リスト10.1◀　USBカメラのテスト（Python用）：camera_test.py

```
 1  import cv2
 2
 3  cap = cv2.VideoCapture(0)   #カメラの準備
 4  while True:
 5      ret, frame - cap.read()   #画像読み込み
 6      gray = cv2.cvtColor(frame, cv2.COLOR_BGR2GRAY)   #灰色に
 7      cv2.imshow('gray', gray)   #画面表示
 8      c = cv2.waitKey(10)   #キーボード入力
 9      if c == 115:   #「s」キーなら
10          cv2.imwrite('camera.png', gray)   #画像保存
11      if c == 27:   #「Esc」キーなら
12          break   #終了
13  cap.release()
```

図10.2　カメラテスト

10.2　【収集】カメラでの画像収集

*1

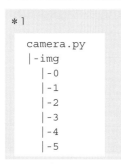

USBカメラに写った画像をキーボードのキーを押すことで保存して，画像データを集めます。例として本章では図10.1に示すように5つの手の形を判別するものを作ります。まず，サイドノートに示すようなフォルダ構造を作ります。これはimgフォルダの下に0, 1, 2, 3, 4, 5という名前のフォルダがあることを示しています*1。ここでは6個のフォルダを作っています。そのうちの1つは何も写っていない画像を保存し，それを学習しておくことをお勧めします。これにより，分類のテ

ストを行うときに何も写っていないときには何も写っていないと分類され、手が入ったときに分類がなされるようになります。

スクリプトを実行すると図10.3のような黒枠の付いたウインドウが表示されます。黒枠の中が保存される画像となります。

「0」キーを押すと0フォルダに、「1」キーを押すと1フォルダという具合にそれぞれのフォルダに0.png, 1.png, 2.png, …という名前で通し番号を付けて保存します。なお、「Esc」キーを押すとスクリプトが終了するようにしました。学習データは図10.4にあるように、少しだけ違った方向からたくさん（10枚以上）撮るとうまく学習できるようになります。また、この図にあるように、0という名前のフォルダには「何も写っていない」画像を入れておきました。これにより、何も写っていないときには何も写っていないと分類できるようになります[*2]。

*2 もし何も写っていない画像を学習していないと、何も写っていなくても学習した手の画像のうちのどれかが分類結果として出力されてしまいます（たとえば、何も写っていないのにチョキと分類されるなど）。

図10.3 学習データの収集

フォルダ名	データの一部
0	
1	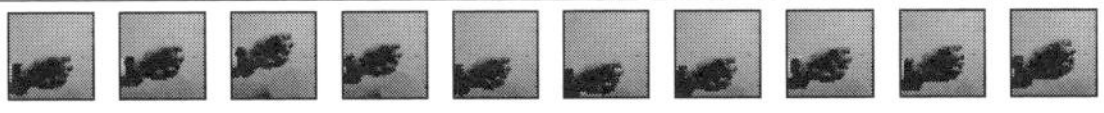
2	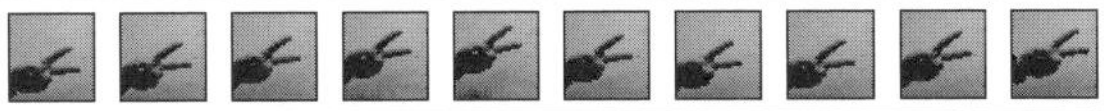
3	
4	
5	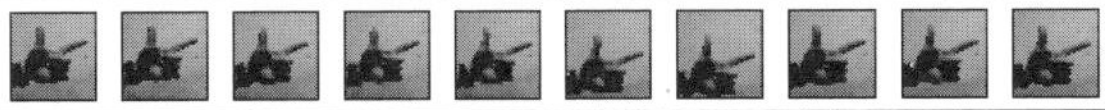

図10.4 収集したデータの一部

これを実現するためのスクリプトをリスト 10.2 に示します。

▶リスト 10.2◀　USB カメラで画像を集める（Python 用）：camera.py

```python
import cv2
import os

n0 = 0
n1 = 0
n2 = 0
n3 = 0
n4 = 0
n5 = 0
cap = cv2.VideoCapture(0)   # カメラの準備
while True:
    ret, frame = cap.read()   # 画像読み込み
    gray = cv2.cvtColor(frame, cv2.COLOR_BGR2GRAY)   # 灰色に
    xp = int(frame.shape[1]/2)   # 画面の中心座標
    yp = int(frame.shape[0]/2)
    d = 200
    cv2.rectangle(gray, (xp-d, yp-d), (xp+d, yp+d), color=0,
        thickness=10)   #黒枠の表示
    cv2.imshow('gray', gray)   #画面表示
    gray = cv2.resize(gray[yp-d:yp + d, xp-d:xp + d], (40, 40))
    c = cv2.waitKey(10)   #キーボード入力
    if c == 48:   # 「0」キーなら
        cv2.imwrite(os.path.join('img', '0', f'{n0}.png'), gray)
            # 0 フォルダに保存
        print(f'label: 0, number: {n0}')   # 画像を保存したことをコンソールに表示
        n0 = n0 + 1   #画像番号の更新
    elif c == 49:   # 「1」キーなら
        cv2.imwrite(os.path.join('img', '1', f'{n1}.png'), gray)
        print(f'label: 1, number: {n1}')
        n1 = n1 + 1
    elif c == 50:   # 「2」キーなら
        cv2.imwrite(os.path.join('img', '2', f'{n2}.png'), gray)
        print(f'label: 2, number: {n2}')
        n2 = n2 + 1
    elif c == 51:   # 「3」キーなら
        cv2.imwrite(os.path.join('img', '3', f'{n3}.png'), gray)
        print(f'label: 3, number: {n3}')
        n3 = n3 + 1
    elif c == 52:   # 「4」キーなら
        cv2.imwrite(os.path.join('img', '4', f'{n4}.png'), gray)
        print(f'label: 4, number: {n4}')
        n4 = n4 + 1
    elif c == 53:   # 「5」キーなら
        cv2.imwrite(os.path.join('img', '5', f'{n5}.png'), gray)
        print(f'label: 5, number: {n5}')
        n5 = n5 + 1
    elif c == 27:   # 「Esc」キーなら
        break   # 終了
cap.release()
```

このスクリプトの説明を行います。まず，cv2 ライブラリをインポートすることで OpenCV ライブラリを宣言しています。

そして，n0 は「0」キーを押した回数を保存する変数で，画像に通し番号を付けるために用います。n1 から n5 も同様にキーを押した回数を保存する変数です。

cv2.VideoCapture 関数でカメラの開始を宣言しています。

while ループは「Esc」キーが押されるまで繰り返しています。cap.read 関数でカメラ画像を取得し，cv2.cvtColor 関数でグレースケールに変換しています。なお，xp と yp は frame.shape 変数から得た画像の中心座標です。その後，cv2.rectangle 関数で図 10.3 に示すような画像中にある四角で切り出して保存する部分を表示しています。切り出す大きさは 400×400 ピクセルです。この大きさは 16 行目の変数 d で設定しています[*3]。そして，cv2.imshow 関数で画像を表示します。その後，cv2.resize 関数を用いて 400×400 の画像を 40×40 の画像へ変更しています。画像サイズを小さくする理由は大きな画像で学習を行うと，読者の皆様が通常使用するであろうコンピュータだと，処理にかなりの時間がかかる（1 日以上かかる）ためです。

cv2.waitKey 関数で押されたキーを検出しています。その後，押されたキーに従って画像を保存しています。なお，0 の文字コードは 48 なので，はじめの if 文では 48 と比較しています。「0」キーが押されていれば，cv2.imwrite 関数で画像を保存しています。また，キーの数字が 1 増えると文字コードも 1 増えます。そのため，「1」キーは 49，「2」キーは 50 といった具合です[*4]。そして，「Esc」キーが押される[*5]とループを抜けます。

このスクリプトは「0」〜「5」のキーを押したときに画像を取得していますが，キーに対応する if 文を増やすことで画像の種類を増やすことができます。その場合はそれに対応したフォルダを作成しておく必要があります。

[*3] d は 200 ですが画像の中心から上下左右に 200 ピクセルの大きさを切り出しています。

[*4] 1 を文字コードの 49 と書かずに ord('1') とする方法もあります。

[*5] 「Esc」キーの文字コードは 27 です。

10.3　【学習】集めた画像を学習

集めた画像を使って学習します。そのスクリプトをリスト 10.3 に示します。学習の仕方はこれまでのスクリプトに似ています。

camera_CNN.py を実行すると次ページの表示が得られます。これまでは学習時に検証データを用いて検証していましたが，本章では検証データを用いずに学習しています。この例では，学習開始時の正答率は 15.03%（0.1503）でした。そして，20 回のエピソード（学習回数）終

了時の学習データの正答率は100%（1.0000）となっています。

　また，はじめの「folder: 0, label: 0」は，画像を保存したimgフォルダの下にある「0フォルダ」にある画像には0というラベル（教師データ）を割り当てることを示しています。同様に「folder: 1, label: 1」は「1フォルダ」にある画像には1というラベルを付けていることを表しています。このフォルダの名前と番号の対応関係は10.4節で使います。

```
>python camera_CNN.py
folder: 0, label: 0
folder: 1, label: 1
folder: 2, label: 2
folder: 3, label: 3
folder: 4, label: 4
folder: 5, label: 5
Train on 306 samples
Epoch 1/20
306/306 [==============================] - 0s 1ms/
    sample - loss: 1.7867 - accuracy: 0.1503
Epoch 2/20
306/306 [==============================] - 0s 389us/
    sample - loss: 1.7204 - accuracy: 0.4085
Epoch 3/20
306/306 [==============================] - 0s 388us/
    sample - loss: 1.6633 - accuracy: 0.4118
（中略）
Epoch 19/20
306/306 [==============================] - 0s 437us/
    sample - loss: 0.0551 - accuracy: 0.9967
Epoch 20/20
306/306 [==============================] - 0s 366us/
    sample - loss: 0.0466 - accuracy: 1.0000
```

▶リスト 10.3◀　画像の学習（Python 用）：camera_CNN.py

```python
1   import tensorflow as tf
2   from tensorflow import keras
3   import numpy as np
4   import cv2
5   import os
6
7   def main():
8       epoch = 20  # epoch数
9       # データの作成
10      # データ用の変数
11      input_data = []
12      label_data = []
13      label = 0
14      img_dir = 'img' # imgフォルダの下にデータがある
15      # 画像の読み込み
16      for c in os.listdir(img_dir): # フォルダを取り出す
17          print(f'folder: {c}, label: {label}') # フォルダごとにラベルを付ける
```

```
18        d = os.path.join(img_dir, c)
19        imgs = os.listdir(d)
20        for i in [f for f in imgs if ('png' in f)]: # png ファイルのみ取り出す
21            fname = os.path.join(d, i)
22            image = cv2.imread(fname, cv2.COLOR_BGR2GRAY)   # 画像の読み込み
23            image = np.asarray(image, dtype=np.float32).
                  reshape(40, 40, 1)
24            input_data.append(image)
25            label_data.append(label)
26        label += 1
27    # 学習データと検証データ
28    train_data = np.asarray(input_data) / 255.0   # データを 0 ～ 1 に正規化
29    train_label = np.asarray(label_data, dtype=np.int32)
30
31    # ネットワークの登録
32    model = keras.Sequential(
33        [
34            keras.layers.Conv2D(16, 3, padding='same',
                  activation='relu'), # 畳み込み
35            keras.layers.MaxPool2D(pool_size=(2, 2)), # プーリング
36            keras.layers.Conv2D(64, 3, padding='same',
                  activation='relu'), # 畳み込み
37            keras.layers.MaxPool2D(pool_size=(2, 2)), # プーリング
38            keras.layers.Flatten(), # 平坦化
39            keras.layers.Dense(6, activation='softmax'), # 全結合層
40        ]
41    )
42    # model = keras.models.load_model(os.path.join
          ('result','CNNmodel'))   # model のロード
43    # モデルの設定
44    model.compile(
45        optimizer='adam', loss='sparse_categorical_crossentropy',
              metrics=['accuracy']
46    )
47
48    # TensorBoard 用の設定
49    tb_cb = keras.callbacks.TensorBoard(log_dir='log',
          histogram_freq=1)
50    # 学習の実行
51    model.fit(
52        train_data, train_label, epochs=epoch, batch_size=100,
              callbacks=[tb_cb]
53    )
54    # モデルの保存
55    model.save(os.path.join('result', 'CNNmodel'))
56
57 if __name__ == '__main__':
58    main()
```

　リスト 10.3 に関して，リスト 2.1 と異なる点となる，ネットワークの構造と学習データの読み込みについてそれぞれ示します。

　まず，32 ～ 41 行目のニューラルネットワークの構造が異なります。ここでは画像処理に強いニューラルネットワークとして，畳み込みニュー

ラルネットワークを用いています。畳み込みニューラルネットワークの原理は本章の10.6節にまとめておきましたので参考にしてください。ここでは簡単に設定方法だけ説明します。

畳み込みニューラルネットワークでは，図10.5に示すような**畳み込み（Conv2D）**と**プーリング（MaxPool2D）**と呼ばれる2つの処理を繰り返し行って，小さなサイズの画像をたくさん生成します。なお，この図はリスト10.3で行っている処理を表しています。

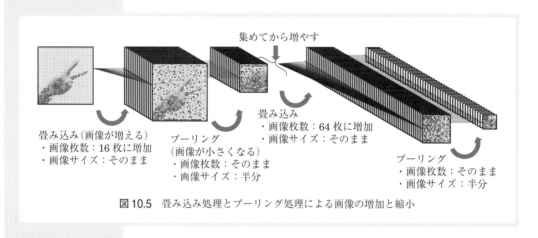

図10.5 畳み込み処理とプーリング処理による画像の増加と縮小

＊6　10.6節で詳しく説明します。

畳み込み処理[＊6]では，畳み込みフィルタの数とフィルタのサイズ，パディングにより画像の縮小を「する」，「しない」の3つを設定します。そして，全結合層（Dense層）のときと同じように活性化関数を設定します。ここでは活性化関数としてReLU関数を設定しています。

リスト10.3の1つ目の畳み込み処理（34行目）について説明します。フィルタの数として16が設定されています。これは16枚のフィルタを用いることに相当し，図10.5に示すように1枚の画像が16枚になる設定となります。次のフィルタサイズは画像を変換する際のフィルタ（計算ルールが書かれた表のようなもの）の大きさに相当します。このフィルタの値は学習で自動的に決まるもので，Dense層を用いたときの重みに相当する値となります。畳み込み処理はパディングという処理を行わないと，フィルタサイズに従って少しだけ小さくなります。それを防ぐための処理がパディングとなります。ここではpadding='same'とすることで図10.5に示すように画像サイズがそのままになります。2つ目の畳み込み処理（36行目）について説明します。フィルタの数として64が設定されています。図10.5に示すように画像が64枚になる設定となります[＊7]。

＊7　1枚の画像が64枚になるわけではないことに注意してください。

この処理の内容はわからなくても畳み込み処理を行うことができます。内容を知らないと適当にいろいろ試しながら決めなければなりませんが，内容を知っているとそれよりは値を設定しやすくなります。この具体的

な処理は 10.6 節で紹介します。

その処理をした後に ReLU 関数での処理をしています。

畳み込み処理の後に行うプーリング処理（35，37 行目）について説明します。プーリング処理はいくつかの方法[*8]があります。ここでは最大値プーリングを用いています。この具体的な処理は 10.6 節で紹介します。プーリングは図 10.5 に示すように画像を小さくする処理です。リスト 10.3 ではフィルタサイズとして (2, 2) を用いていますので，画像の縦と横の大きさがそれぞれ半分になります[*9]。そのため画素数は 1/4 となります。

畳み込みニューラルネットワークではこの畳み込み処理とプーリング処理を交互に複数回繰り返すネットワークにすることが多いです。

38 行目の keras.layers.Flatten 関数は平坦化するための関数で，この例では 2 次元データを 1 次元データに変換しています。これは図 10.14 の画像をスライスして縦に並べる処理となります。これにより，39 行目の全結合層（Dense 層）への入力に変換しています。そして，全結合層で分類したい数のノード数へ変換し，2 章と同じように分類問題なので活性化関数としてソフトマックス（softmax）関数を用いています。

次に，学習データの生成法が違います。本章ではフォルダにある画像を使います。

そこで，リスト 10.3 では画像を読み込むためのライブラリ（cv2）とフォルダにあるファイルの名前を列挙するために用いるライブラリ（os）を読み込んでいます[*10]。

そして，16〜26 行目に読み取るためのスクリプトが書かれていて，img フォルダの下にあるフォルダを自動的に読み取ることができます。フォルダ 0〜5 は学習時に出てくる先ほど示した実行ログの先頭（class: 0, class id: 0 などと書かれている部分です）にあるように自動的に 0〜5 という名前が割り当てられます。

そして，このスクリプトでは検証データを用いません。

*8 最大値プーリング（本書で用いる方法），平均プーリング（最大値ではなく平均値を用いる方法）などがあります。

*9 (3, 3) の場合は 1/3，(4, 4) の場合は 1/4 となります。

*10 これらのライブラリは本節の用途以外にも使うことができます。

10.4　【分類】カメラで得た画像の分類

10.3 節のリスト 10.3 を実行すると学習済みモデルが生成されます。学習済みモデルは result フォルダの下に CNNmodel として保存されます。その学習済みモデルを使ってカメラから得られた画像を分類する方法を示します。

実行すると図 10.6 が得られます。手を開いた画像は図 10.4 に示したように「4」フォルダに保存されています。10.3 節に示した camera_

CNN.py の実行結果で 4 フォルダのラベルは 4 に割り当てられています。そこで手を開いた画像を正しく分類できると図 10.6 のように 4 がプロンプトに表示されます。なお，このスクリプトも Esc キーを押すと終了します。

スクリプトの解説を行います。このスクリプトをリスト 10.4 に示します。

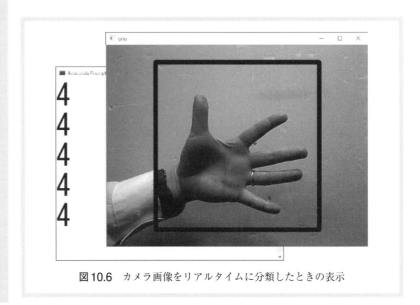

図 10.6　カメラ画像をリアルタイムに分類したときの表示

▶リスト 10.4◀　画像の分類（Python 用）：camera_CNN_test.py

```
1  import tensorflow as tf
2  from tensorflow import keras
3  import numpy as np
4  import os
5  import cv2
6
7  def main():
8      model = keras.models.load_model(os.path.join('result', 'CNNmodel'))
          # model のロード
9
10     cap = cv2.VideoCapture(0) # カメラの設定
11     while True:
12         ret, frame = cap.read() # 画像の読み込み
13         gray = cv2.cvtColor(frame, cv2.COLOR_BGR2GRAY)
14         xp = int(frame.shape[1] / 2)
15         yp = int(frame.shape[0] / 2)
16         d = 200
17         cv2.rectangle(gray, (xp - d, yp - d), (xp + d, yp + d),
              color=0, thickness=10)
18         cv2.imshow('gray', gray) # 画像の表示
19         if cv2.waitKey(10) == 27: # 「Esc」キーが押されたら
20             break# 終了
21         gray = cv2.resize(gray[yp - d: yp + d, xp - d: xp + d], (40,
              40)) # 画像の切り出し
```

```
22        img = np.asarray(gray, dtype=np.float32) / 255.0  # 型変換
23        img = img.reshape(1, 40, 40, 1)
24        y = model.predict(img)  # 予測
25        c = y.argmax()  # 分類
26        print(c)
27    cap.release()
28
29  if __name__ == '__main__':
30      main()
```

まず，これまでと同様にライブラリを読み込みます。

その後，8行目で学習済みモデルを読み込んでいます。

10行目でカメラの設定を行っています。これは10.2節の画像取得と同じです。

11～26行目の繰り返しの中で，画像取得とその分類を行っています。12～18行目の画像取得の部分は10.2節の画像取得と同じです。違いは，このスクリプトでは画像を保存せずに，21～26行目で画像分類を行っている点です。

10.5　【発展】分類画像によるカギの解錠

電子工作と連携させます。図10.7に示すように，パソコンにUSBカメラとArduinoが付いています。Arduinoにはスイッチとサーボモータが付いています。手をカメラにかざしながらスイッチを押すとサーボモータが回転して金庫のカギの施錠と解錠ができるものを作ります。

ただし，この工作をするのは時間がかかります。そのため，Arduinoとパソコンの連携だけを簡単に試せるように，カギが開いている状態に相当するときには，Arduinoに付いている確認用LEDが光り，カギが

使用する電子部品
サーボモータ（SG-90） 1個
スイッチ 1個
ACアダプタ（5V） 1個
ブレッドボード用DC ジャックDIP化キット 1個

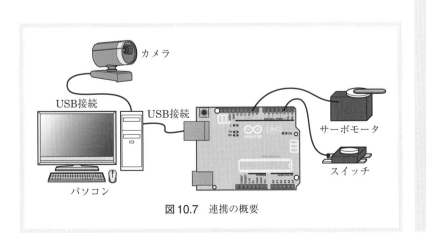

図10.7　連携の概要

閉まっている状態では確認用 LED が消える処理を加えたスケッチにしてあります。これにより，スイッチを付けるだけで連携を試すことができます。なおサーボモータをつなげば，サーボモータが回転します。

（1）動作概要

図 10.8 に示すように，箱のドアにサーボモータが付いています。このサーボモータの向きを変えることでカギを施錠したり解錠したりします。図 10.8（a）はサーボモータの先が下を向いているため，開けることができます。そして，図 10.8（b）はサーボモータの先が横を向いていて箱に付いた溝に引っかかって開かなくなります。図 10.8（a）を解錠モード，（b）を施錠モードと呼ぶこととします。

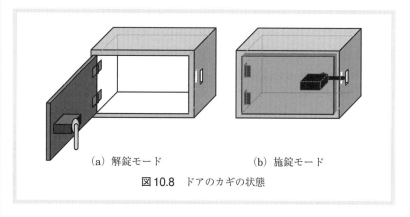

(a) 解錠モード　　　　　　(b) 施錠モード

図 10.8　ドアのカギの状態

解錠モードと施錠モードの遷移を図 10.9 に示します。なお，矢印で表す状態の遷移はカメラの前に手をかざしてスイッチを押したときに行われます。

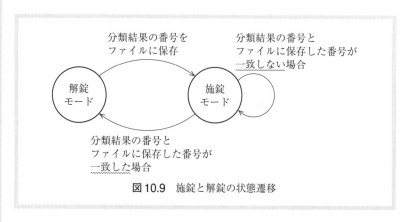

図 10.9　施錠と解錠の状態遷移

解錠モードのときにカメラの前に手をかざして Arduino に付いたボタンを押すと施錠モードとなり，押したときにカメラに写っている手の形がカギとして記録されると同時に，サーボモータが回りカギがかかります。逆に，施錠モードのとき，カメラの前に手をかざしてボタンを押

すと，その手の形がカギとして登録された形であれば解錠できます。

　この仕組みを作るには，10.3節の手順に従っていくつかの手の形を学習させておく必要があります。また，カギとなる手の形も含めて学習させておく必要があります。ここでは10.3節で作成した学習済みモデルを用いることとします。

　以下の説明では各部分に分けて説明しているため，全体像が見えにくくなることがあります。まず，全体像をまとめた図を図10.10に示します。

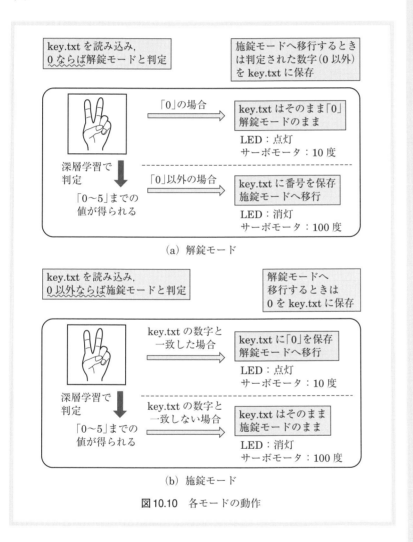

（a）解錠モード

（b）施錠モード

図10.10　各モードの動作

（2）データ通信とモード切り替え

　この連携を行うために，どのようなデータ通信を行い，どのようにモードを切り替えるのかを説明します。

　まずはデータ通信について図10.11を用いて説明します。

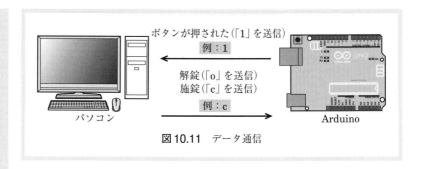

図10.11 データ通信

　スイッチが押されたときにArduinoからパソコンへは「1」が送られます。パソコンはその信号を受けて，現在のモードが解錠モードでかつ手が写っていれば施錠するために「c」を送ります。Arduinoは「c」（closeの頭文字）を受け取るとサーボモータを回してカギを閉めます。なお，手が写っていなければ何も送りません。

　施錠モードならば，撮影した画像がカギとして登録した手の形と一致すれば解錠するために「o」を送ります。Arduinoは「o」（openの頭文字）を受け取るとサーボモータを回してカギを開けます。なお，カギとして登録した手の形と一致しなければ，何も送信しません。

　次に，モードの切り替えの具体的な方法を図10.12に示すフローチャ

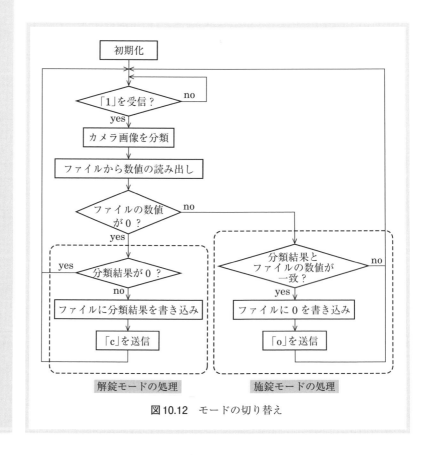

図10.12　モードの切り替え

ートを用いて説明します。Arduino から「1」が送られてくると，カメラから画像を取得しその画像を分類します。その後，カギとなるファイル（key.txt）を読み込みます。

そのファイルには0〜5までのいずれかの数字が書かれています。

読み込んだ数字が0の場合，現在は解錠モードであることを意味します。解錠モードのとき，カメラから画像を取得して分類した結果が0ではなかった場合（つまり何か写っていた場合）は，その分類結果（1から5のいずれか）をカギとなるファイルに記録して，ファイルを閉じます。そして，「c」を送信して施錠モードとなります。

一方，カギとなるファイルを読み込んだ結果，0以外の数字が書かれている場合，施錠モードであることを意味します。施錠モードの場合，カメラから画像を取得して分類した結果とファイルから読み込んだ数字が一致していれば，カギとなるファイルに0を記録して，ファイルを閉じます。そして，「o」を送信して解錠モードとなります。また，一致していなかった場合は，何もしません。これにより，施錠モードのままとなります。

(3) 回路

電子回路の配線図を図10.13に示します。サーボモータの信号線をデジタル9番ピンに，スイッチをデジタル2番ピンにつなげます。

なお，連携だけ試してカギを作らない場合，スイッチは必要ですが，サーボモータを付ける必要はありません。

(4) 工作

図10.8に示すように箱の中側にサーボモータを取り付けます。そして，サーボモータが回ると引っかかるようにサーボモータにでっぱりを付けます。このでっぱりはサーボモータに付いてくるサーボホーンを使うと簡単に作れます。これにより，サーボモータが回転するとカギがかかります。

Arduinoは箱の外に置いておき，サーボモータのケーブルを箱に開けた穴から出すと簡単に作れます。

(5) スケッチ（Arduino）

Arduinoはスイッチが押されたら「1」を送信して，その後に送られてくるファイルに書かれた数字に従ってサーボモータの角度を10度にするのか100度にするのか決めます[11]。

リスト10.5を詳しく説明します。5行目のsetup関数では，サーボモータをデジタル9番ピンで動かす宣言と，デジタル2番ピンを入力

*11 サーボモータの角度を0度や180度に設定すると動作が不安定になり，振動することがあります。

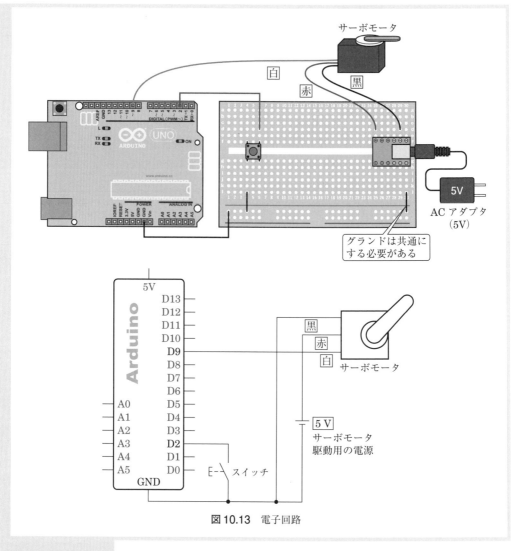

図 10.13　電子回路

（INPUT_PULLUP）として宣言をしています。電源投入時は解錠モードとするためにサーボモータの角度を 10 度にして，Arduino に付いている LED を光らせます。

　loop 関数ではまず，15 ～ 25 行目でスイッチを押して離したタイミングで「1」を送信するための設定をしています[*12]。スイッチを押すと flag 変数が 1 に変わり，離したときに flag 変数が 1 となっていれば flag 変数を 0 に設定し，パソコンに「1」を送信しています。

　その後，パソコンから何かデータが送られてきたかどうかを Serial. available 関数で調べます。この関数は受信バイト数を調べることができます。パソコンから送られてきたデータがあればそれを読み取り，「o」であれば解錠モードとするためにサーボモータの角度を 10 度にして LED を光らせます。「c」であれば施錠モードとするためにサーボモータの角度を 100 度にして LED を消します。

*12　このようにしないと押している間ずっと「1」を送り続けてしまいます。

```
1   #include <Servo.h>
2
3   Servo mServo; //サーボモータ用の設定
4
5   void setup() {
6     Serial.begin(9600);
7     mServo.attach(9);//9番ピンでサーボモータを動かす
8     pinMode(2, INPUT_PULLUP); // Inputモードでプルアップ抵抗を有効に
9     pinMode(LED_BUILTIN, OUTPUT);
10    mServo.write(10);
11    digitalWrite(LED_BUILTIN, HIGH);
12  }
13
14  void loop(){
15    static int flag=0;
16    if(digitalRead(2)==LOW){ //スイッチが押されたか？
17      flag=1;
18    }
19    else{ //スイッチが離されたか？
20      if(flag==1){ //スイッチが離された瞬間を検出するため
21        flag=0;
22        Serial.write('1'); //「1」を送信
23        delay(500); //0.5秒待つ
24      }
25    }
26    if(Serial.available()>0){ //データが送られてきたか？
27      char a = Serial.read(); // 1文字読み込み
28      if(a=='o'){//「o」ならば
29        mServo.write(10); //サーボモータの角度を10度に
30        digitalWrite(LED_BUILTIN, HIGH); //LEDを点灯
31      }
32      else if(a=='c'){ //「c」ならば
33        mServo.write(100); //サーボモータの角度を100度に
34        digitalWrite(LED_BUILTIN, LOW); //LEDを消灯
35      }
36    }
37  }
```

(6) スクリプト（パソコン）

　Arduinoから「1」を受信した後，画像を確認し，解錠モードと施錠モードを判断してArduinoに指令を送るスクリプトを作ります。このスクリプトは図10.12に示したフローチャートに沿って実現します。これをリスト10.6に示します。

　まず，9行目で学習済みモデルを読み込み，11行目でカメラの設定を行っています。

　次に，13行目でシリアル通信の設定をします。そして，その関数内でtimeoutを設定することでシリアル通信のタイムアウトの時間を設定します。これを設定しないとArduinoから何か送信があるまで24行目

の ser.read 関数の部分でスクリプトが待機してしまいます。

14〜46行目を無限ループとしています。

15〜21行目で図10.6に示すウインドウを表示する処理をしています。

22行目でキーボードからの入力を調べ、「Esc」キー（文字コード27）が押されたら無限ループを抜けてスクリプトを終了するようにしています。

24行目でArduinoから送られてきた値を受信しています。この関数のタイムアウト時間は13行目で0.1秒に設定しています。タイムアウトを設定しているため何も受信していない場合はb'' が変数aに代入されます。そして、「1」を受信した場合はb'1' [*13] が変数aに代入されます。

もしb'1'を受信していた場合（25行目）は26〜46行目が実行されます。

26〜30行目はリスト10.4の21〜25行目と同じで、画像を切り出して、分類する部分です。

32行目でkey.txtファイルを開いて、ファイルに書かれている0〜5までのいずれかの数値を変数bに代入しています。

以下では解錠モードと施錠モードのそれぞれについて説明します。

解錠モード（if b==0 の処理） key.txtから読み込んだ数値が0ならば、現状は解錠モードなので、36〜40行目の処理を行います。カメラ画像を分類した結果の数値が0（何も写っていない場合）でなければ（36行目）、解錠モードを施錠モードにするために「c」という文字を送ります（37行目）。そして、それをカギの番号として、key.txtに書き出します（38〜39行目）。さらに、コンソール上でモードが変化したことがわかるようにprint文でcloseを表示しています（40行目）。

施錠モード（else の処理） key.txtから読み込んだ数値が0でなければ、現状は施錠モードなので、42〜46行目の処理を行います。カメラ画像を分類した結果の数値とkey.txtから読み込んだ数値が一致していれば（42行目のif文）解錠モードにするための処理を行います。なお、一致してなければ何も行いません。一致している場合は解錠モードにするために「o」という文字を送ります（43行目）。その後、44〜45行目でkey.txtに0を書き出します。さらに、コンソール上でモードが変化したことがわかるようにprint文でopenを表示しています（46行目）。

▶**リスト 10.6**◀ **カメラ画像によってカギを操作する（Python 用）：camera_CNN_box.py**

```
1  import tensorflow as tf
2  from tensorflow import keras
```

```
3   import numpy as np
4   import os
5   import cv2
6   import serial
7
8   def main():
9       model = keras.models.load_model(os.path.join('result', 'CNNmodel'))
            # model のロード
10
11      cap = cv2.VideoCapture(0)#カメラの設定
12
13      with serial.Serial('COM5', timeout=0.1) as ser: # ポートの設定
14          while True:
15              ret, frame = cap.read() # 画像の読み込み
16              gray = cv2.cvtColor(frame, cv2.COLOR_BGR2GRAY)
17              xp = int(frame.shape[1] / 2)
18              yp = int(frame.shape[0] / 2)
19              d = 200
20              cv2.rectangle(gray, (xp - d, yp - d), (xp + d, yp + d),
                    color=0, thickness=10)
21              cv2.imshow('gray', gray) # 画像の表示
22              if cv2.waitKey(10) == 27: #「Esc」キーが押されたら
23                  break# 終了
24              a = ser.read() # 文字の受信
25              if a == b'1': #「1」ならば
26                  gray = cv2.resize(gray[yp - d: yp + d, xp - d: xp + d],
                        (40, 40))
27                  img = np.asarray(gray, dtype=np.float32) / 255.0
                        # 型変換
28                  img = img.reshape(1, 40, 40, 1)
29                  y = model.predict(img)  # 予測
30                  c = y.argmax()   # 分類
31                  print(c)
32                  with open('key.txt', 'r') as f:
33                      b = int(f.read())
34                  print(b)
35                  if b == 0:#解錠モードの場合
36                      if c != 0: # 分類結果が0以外なら（何か写っている）
37                          ser.write(b'c') # 施錠するためのコマンドの送信
38                          with open('key.txt', 'w') as f:
                                # ファイルに番号を書き込む
39                              f.write(str(c))
40                          print('close')#close と表示
41                  else: # 施錠モードの場合
42                      if b == c: # ファイルの番号と分類した手の番号が一致していれば
43                          ser.write(b'o') # 解錠するためのコマンドの送信
44                          with open('key.txt', 'w') as f:
                                # ファイルに0を書き込む
45                              f.write('0')
46                          print('open')#open と表示
47      cap.release()
48
49  if __name__ == '__main__':
50      main()
```

10.6　畳み込みニューラルネットワーク

　　画像処理に強い方法である畳み込みニューラルネットワークの説明を行います。畳み込みニューラルネットワークの概要を示し，フィルタとは何か，それをどのように設定するのかについて順に説明していきます。

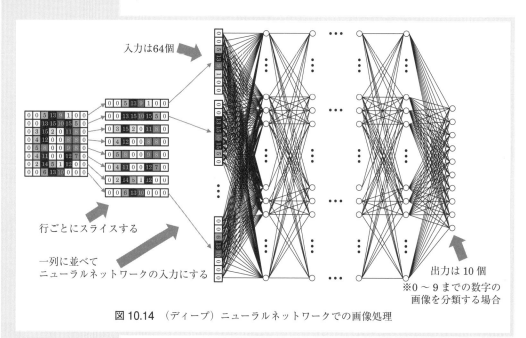

図 10.14　（ディープ）ニューラルネットワークでの画像処理

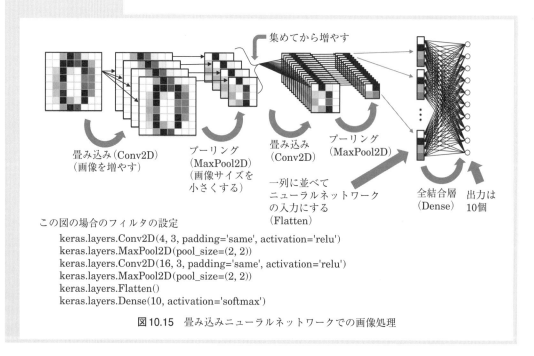

この図の場合のフィルタの設定
```
keras.layers.Conv2D(4, 3, padding='same', activation='relu')
keras.layers.MaxPool2D(pool_size=(2, 2))
keras.layers.Conv2D(16, 3, padding='same', activation='relu')
keras.layers.MaxPool2D(pool_size=(2, 2))
keras.layers.Flatten()
keras.layers.Dense(10, activation='softmax')
```

図 10.15　畳み込みニューラルネットワークでの画像処理

（1）畳み込みニューラルネットワークの概要

　画像認識では画像中の各ピクセルの縦横斜めの関係が重要となることは想像できると思います。ディープニューラルネットワークに画像を入力する場合は，図 10.14 に示すように画像をスライスして一列に並べて入力を作ることが一般的です[*14]。そのため，縦や斜めの関係性が薄くなってしまいます。

　そこで，図 10.15 のように複数のフィルタを用いて画像を増やす役割を持つ**畳み込み**と，画像サイズを小さくする役割を持つ**プーリング**という，2 つの処理を交互に何回も繰り返すことで，縦横斜めの関係性を保ったまま画像の特徴を抽出する方法が畳み込みニューラルネットワークの特徴となっています。なお，最後は Dense 層を付けて分類を行います。

　それぞれの処理の役割は大まかにいうと次のようになっています。

- 畳み込み：画像を増やす。
- プーリング：画像サイズを小さくする。

（2）畳み込みとプーリング

　畳み込みとプーリングとはどのようなものなのか説明をします。これらの処理を行うには**畳み込みフィルタ**と**プーリングフィルタ**と呼ばれるものが用いられます。

　まず，畳み込みフィルタについて説明をします。畳み込みフィルタとは，図 10.16 に示すように，ある大きさの行列です（入力データの種類や大きさによりますが，3×3 や 5×5 がよく用いられます）。そして，畳み込み処理はそのフィルタを用いて，画像中の各画素に対して行列の内積の計算を行う処理のことです。そして，そのフィルタを縦横にずらして同様に計算を行う処理を画像全体に繰り返します。畳み込み処理を

*14　画像ファイルは一般的に行方向にスライスした一列のデータとして保存されているため，図 10.14 の入力を作るのは容易です。

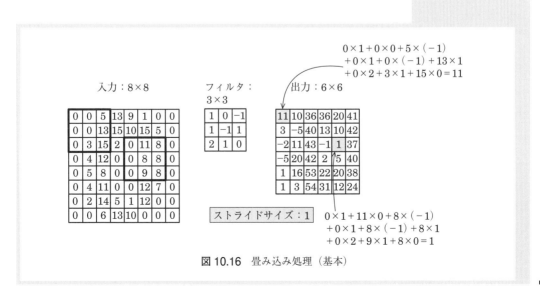

$$0\times1+0\times0+5\times(-1)$$
$$+0\times1+0\times(-1)+13\times1$$
$$+0\times2+3\times1+15\times0=11$$

入力：8×8　　フィルタ：3×3　　出力：6×6

0	0	5	13	9	1	0	0
0	0	13	15	10	15	5	0
0	3	15	2	0	11	8	0
0	4	12	0	0	8	8	0
0	5	8	0	0	9	8	0
0	4	11	0	0	12	7	0
0	2	14	5	1	12	0	0
0	0	6	13	10	0	0	0

1	0	-1
1	-1	1
2	1	0

11	10	36	36	20	41
3	-5	40	13	10	42
-2	11	43	-1	1	37
-5	20	42	2	5	40
1	16	53	22	20	38
1	3	54	31	12	24

ストライドサイズ：1

$$0\times1+11\times0+8\times(-1)$$
$$+0\times1+8\times(-1)+8\times1$$
$$+0\times2+9\times1+8\times0=1$$

図 10.16　畳み込み処理（基本）

行った場合は画像サイズがほんの少しだけ小さくなります。

　図 10.16 の例ではフィルタを 1 つずつ右にずらして計算したときの結果を示しています。たとえば，図 10.16 の出力の左上の「11」は，入力の「0, 0, 5, 0, 0, 13, 0, 3, 15」の部分（左上の太枠で囲まれた 9 個の値）に対してフィルタによる計算から得られた値です。1 つ右にずらすとは入力の「0, 5, 13, 0, 13, 15, 3, 15, 2」に対してフィルタによる計算を行うことをいいます。なお，この計算結果は出力の左上から右に 1 つずれた 10 になります。図 10.17 の例では 2 つずつずらしています。この場合はストライドサイズが 2 といいます。ストライドサイズを 2 にした場合は図 10.17 のように画像がかなり小さくなります。また，図 10.18 のように周りに 0 を配置する設定をすることもできます。

　画像の周りに 0 を 1 重に配置して 3×3 のフィルタを用いると図 10.18 のように画像が小さくなりません。このように画像を小さくしないための設定をすることができます。リスト 10.3 では画像を小さくしないようにするために padding='same' としましたが，図 10.16 や図 10.17 のようにパディングを考えない場合は padding='valid' もしくは padding

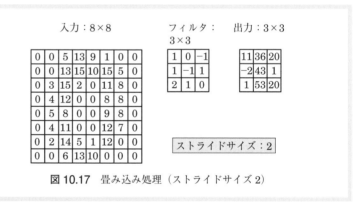

図 10.17　畳み込み処理（ストライドサイズ 2）

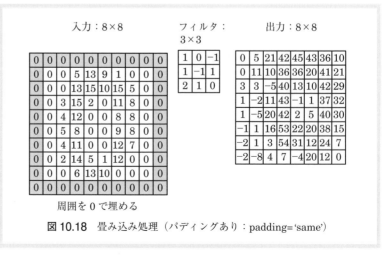

図 10.18　畳み込み処理（パディングあり：padding='same'）

の設定をしないようにすればパディングなしとして処理されます。

　次に，フィルタ数について説明します。畳み込み処理は図10.19に示すように値の異なる複数のフィルタを同じ入力に対して用いることができます。この処理に用いるフィルタの数をフィルタ数と呼びます。これによりフィルタの数だけ新たな画像を作成することができます。つまり，畳み込み処理により画像を増やすことができます。なお，図10.19のフィルタ数は3です。

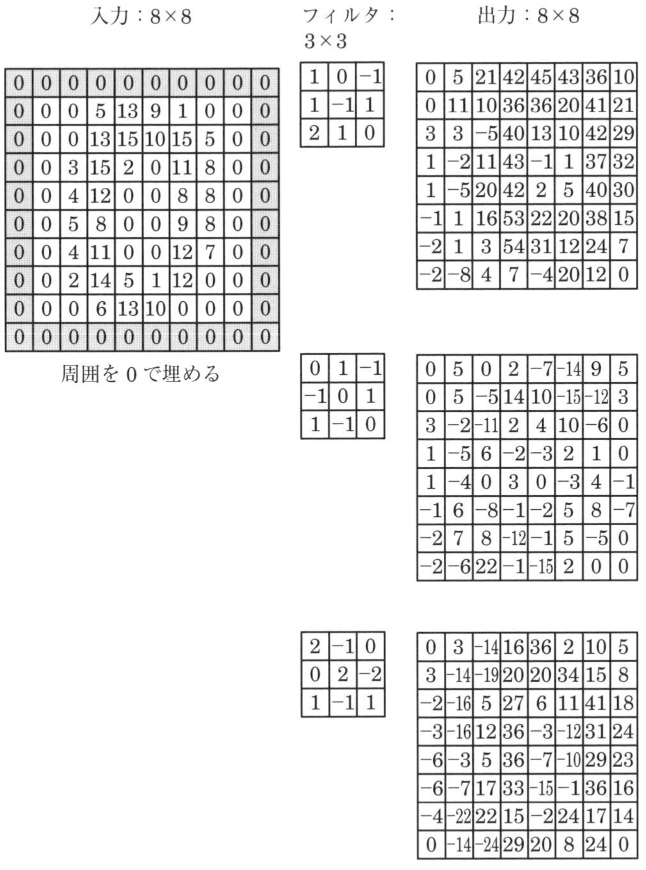

図10.19　畳み込み処理（複数フィルタ）

　その後，活性化関数で各値の処理を行います。ReLU関数を用いた場合は図10.20のようにマイナスの値はすべて0になります。

　最後に，プーリングフィルタについて説明します。プーリングは図10.21に示すようにフィルタのサイズで囲まれた中で最大の値だけを抜き出す処理を行います[15]。この例では2×2のフィルタを用いています。たとえば入力の左上の2×2に着目してみます。この4つの値は「0，5，0，11」なので最大値は「11」となります。そして，ストライ

*15　平均値を用いたり中央値を用いたりなど，さまざまな方法があります。

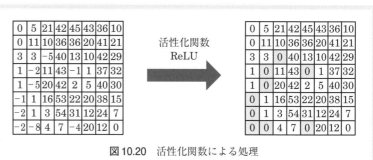

図10.20　活性化関数による処理

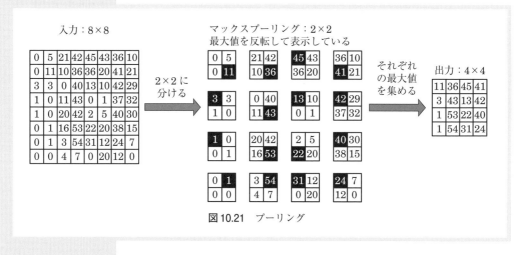

図10.21　プーリング

ドサイズ2としてフィルタをずらしています。なお，通常はプーリングのフィルタサイズとストライドサイズは同じにします。プーリング処理により画像を小さくすることができます。

　入力画像の横のサイズを W，縦のサイズを H とすると，畳み込み処理とプーリング処理を行うと画像サイズは次式として変更されます。なお，OW は出力画像の横のサイズ，OH は縦のサイズです。

$$OW = \left(\frac{W + 2P - FW}{S} + 1 \right) \times \frac{1}{PW}$$

$$OH = \left(\frac{H + 2P - FH}{S} + 1 \right) \times \frac{1}{PH}$$

● **畳み込みフィルタサイズ**：FW（フィルタの横のサイズ）・FH（フィルタの縦のサイズ）　畳み込みと呼ばれる計算を行う範囲を設定します。3や5程度がよく用いられます。

● **ストライド**：S　フィルタを動かす量を決めます。通常は1ですが，2を設定すると畳み込み処理でも画像がより小さくなります。

● **パディング**：P　画像の周りに0を配置します。0を配置することで畳み込み後のサイズを同じにすることができます。TensorFlowでは padding='same' と設定します。なお，実際にはストライドが1の場

合は畳み込みフィルタサイズが3ならば1重に，畳み込みフィルタサイズが5ならば2重に配置することとなります。

● **フィルタ数：N**　畳み込み処理では複数のフィルタを用いることで画像を増やします。たとえば，図10.15の例では1回目の畳み込み処理では4枚のフィルタを用いて，2回目では16枚用いています。TensorFlowでは最後のフィルタの数が重要となります。

● **プーリングフィルタサイズ：PW**（フィルタの横のサイズ）・PH（フィルタの縦のサイズ）　プーリングと呼ばれる処理をする範囲を設定します。2がよく用いられます。

● **プーリングストライド：PS**　フィルタを動かす量を決めます。通常はプーリングフィルタサイズと同じにします。

以上より，画像のピクセル数が$W \times H$から$OW \times OH$となります。畳み込み処理とプーリング処理は図10.15に示すように複数回繰り返すことが多いです。

（3）設定の仕方

最後にスクリプトでの設定の仕方を示します。

畳み込みフィルタはリスト10.7の1行目と3行目のように設定します。1行目では，1枚の画像[16]に16枚のフィルタを適用していて，そのフィルタサイズが3，パディングありとしています。そして，その計算結果にReLU処理を行うように設定しています。3行目では，16枚の画像に64枚のフィルタを適用しています。

プーリングフィルタは2行目と4行目のように設定します。ここではフィルタサイズが2の最大値プーリングフィルタを適用しています。

5行目でFlatten層による処理を行います。これは，図10.14に示すように画像をスライスして一列に並べる処理を行うための層です。

その一列に並べたものを全結合層（Dense層）で処理しています。この例では出力ノードとして6を設定しています。そして，活性化関数としてソフトマックス（softmax）関数を用いて，分類問題を処理しています。

*16　ここでは，1枚や16枚と表していますが，畳み込み処理は画像以外にも応用されるようになってきました。そこで，畳み込み処理ではチャンネルと呼ぶこともあり，最近はその方が一般的になりつつあります。

▶**リスト 10.7**◀　**畳み込みとプーリングの設定方法**

```
1  keras.layers.Conv2D(16, 3, padding='same', input_shape=(40, 40, 1),
        activation='relu'),
2  keras.layers.MaxPool2D(pool_size=(2, 2)),
3  keras.layers.Conv2D(64, 3, padding='same', activation='relu'),
4  keras.layers.MaxPool2D(pool_size=(2, 2)),
5  keras.layers.Flatten(),
6  keras.layers.Dense(6, activation='softmax'),
```

第11章 深層学習でジェスチャーを分類 −リカレントニューラルネットワーク−

　図 11.1 に示すように，ブレッドボードに加速度センサとスイッチを付けて，ブレッドボードごと振ります。そして，振り始めてから0.5秒間のジェスチャーのデータを Arduino からパソコンに送り，ジェスチャー分類します。

　なお，本章では図 1.1 に示した深層学習のうちのリカレントニューラルネットワーク（RNN）を使って実現します。

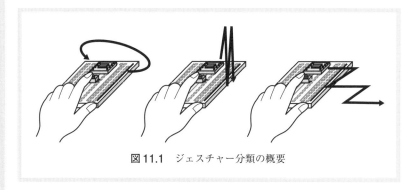

図11.1　ジェスチャー分類の概要

本章では以下の手順で説明を行います。
①**収集（電子工作）**　加速度センサを振ってジェスチャーを集める（11.1 節）
②**学習（深層学習）**　集めたジェスチャーを学習する（11.2 節）
③**分類（深層学習）**　学習結果を用いてジェスチャーを分類する（11.3 節）

11.1 　【収集】ジェスチャーの収集

使用する電子部品
3 軸加速度センサ （KXR94-2050）　1個 スイッチ　　　　　1個

*1　フォルダ構成

```
Gesture
 |-gesture.py
 |-receive
 |-data
```

　Arduino に付けた 3 軸加速度センサを使って，ジェスチャー中の動きを計測して，それをパソコンに送ることでデータを収集します。

（1）データの収集手順

　ジェスチャーを収集するための手順を説明します。

　ジェスチャーを行う前に，ジェスチャーを集めるためのスクリプト（gesture.py）と同じフォルダに receive と data フォルダを作っておきます*1。この receive フォルダの中にジェスチャーのデータが保存され

ます。

　Arduino に付いたスイッチを押してから 0.5 秒間のジェスチャーの
データを記録します。「同じジェスチャー」を連続して数十回（本書で
は 40 回行った結果を示しています）行う必要があります。たとえば，
「スイッチを押して，回すジェスチャーを行う」ことを 40 回行ったとし
ます。これにより，receive フォルダの中に 0.txt，1.txt，2.txt，…，
39.txt という名前で通し番号を付けてジェスチャーのデータが保存され
ます*2。

　receive フォルダの名前を変更します。たとえば a フォルダに変更し
たとします。その a フォルダを data フォルダに移動させます*3。これ
により，a フォルダには回すジェスチャーのデータが入っていることに
なります。そのあと gesture.py を終了します。

　再度，receive フォルダを作りもう一度 gesture.py を実行します。先
ほどと異なるジェスチャーのデータを集めます。たとえば，縦振りジェ
スチャーを 40 回行ったとします。これにより，縦振りジェスチャーの
データが receive フォルダの中に入ります*4。

　receive フォルダを b フォルダに名前を変えて data フォルダの下に
移動させます*5。

　以上を繰り返すことでジェスチャーごとのフォルダを data フォルダ
の下に作ります。

(2) データ通信

　Arduino からパソコンへはスイッチが押されたときをスタートとし，
加速度センサから得られた 3 つの値を 10 ミリ秒（0.01 秒）間隔で 500
ミリ秒（0.5 秒）間送ります。データを送る回数は，10 ミリ秒おきに
500 ミリ秒間送信しますので，50 回となります。送信するデータは加
速度センサで計測できる x，y，z 方向の 3 つの数値をカンマ区切りで
送ることとします。これを図で表すと図 11.2 となります。そして，パ
ソコン内の receive フォルダに，ファイル 1 つにつきジェスチャー 1 回
分のデータを保存します。

　1 回分のジェスチャー終了後は以下のフォーマットのファイルが生成
されます。

```
x(1) 方向の加速度，y(1) 方向の加速度，z(1) 方向の加速度
x(2) 方向の加速度，y(2) 方向の加速度，z(2) 方向の加速度
x(3) 方向の加速度，y(3) 方向の加速度，z(3) 方向の加速度
（中略）
x(50) 方向の加速度，y(50) 方向の加速度，z(50) 方向の加速度
```

*2　フォルダ構成
```
Gesture
|-gesture.py
|-receive
  |-0.txt
  |-1.txt
  |-2.txt
   （以下省略）
|-data
```

*3　フォルダ構成
```
Gesture
|-gesture.py
|-data
  |-a
    |-0.txt
    |-1.txt
    |-2.txt
     （以下省略）
```

*4　フォルダ構成
```
Gesture
|-gesture.py
|-receive
  |-0.txt
  |-1.txt
  |-2.txt
   （以下省略）
|-data
  |-a
    |-0.txt
    |-1.txt
    |-2.txt
     （以下省略）
```

*5　フォルダ構成
```
Gesture
|-gesture.py
|-data
  |-a
    |-0.txt
    |-1.txt
    |-2.txt
     （以下省略）
  |-b
    |-0.txt
    |-1.txt
    |-2.txt
     （以下省略）
```

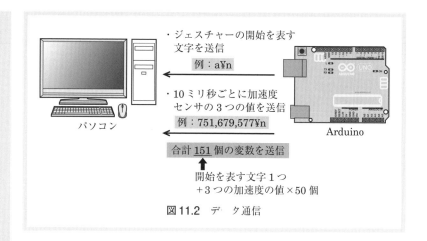

・ジェスチャーの開始を表す
　文字を送信
　　例：a¥n

・10ミリ秒ごとに加速度
　センサの3つの値を送信
　　例：751,679,577¥n

パソコン

合計 151 個の変数を送信

開始を表す文字1つ
＋3つの加速度の値×50個

Arduino

図 11.2　データ通信

(3) 回路

3軸加速度センサの値を取得するための配線図を図 11.3 に示します。加速度センサには3軸加速度センサモジュール KXR94-2050 を用います。3軸加速度の3つのセンサの値を読み取るため，アナログ 0，1，2番ピンに x 軸，y 軸，z 軸の加速度の値を出力するピンをつなぎます。

そして，ジェスチャーの開始を示すためのスイッチをデジタル 2 番ピンにつなぎます。なお，スイッチは Arduino の INPUT_PULLUP の機能を使いますので，スイッチを押したら GND ピンにつながるようにします。

3軸加速度センサのピン配置と Arduino につなぐ足を図 11.4 に示します。

(4) 工作

図 11.1 のようにブレッドボードに加速度センサを付けて，図 11.5 のように，そのブレッドボードの裏に Arduino を重ねて輪ゴムで留めて全体を振ります。

(5) スケッチ（Arduino）

スイッチが押されたら加速度センサの値を読み取り，それをパソコンに送信するためのスケッチをリスト 11.1 に示します。

まず，setup 関数でシリアル通信の速度を 115200 bps に設定しています。ここが今までの通信と異なります。今回は 10 ミリ秒ごとにデータを収集しますので通信速度を速くしています。そして，デジタル 2 番ピンにつないだスイッチを使うために INPUT_PULLUP の設定をしています。

次に，loop 関数の 8，9 行目の if 文はスイッチが押されるのを待っているときに実行され，8 行目の if 文に対応する 14 行目の else 文では

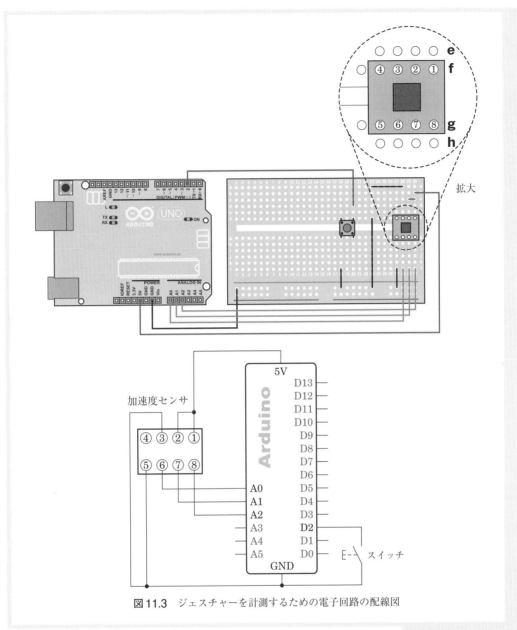

図11.3 ジェスチャーを計測するための電子回路の配線図

データの読み取りと送信を行います。まず，9行目のif文から説明します。このif文はデジタル2番ピンにつながるスイッチが押されたことを検出しています。そして，count変数に50を入れることで加速度センサの値を50回送信する設定にしています[*6]。その後，データの送信開始を表すために「a」を改行コード付きで送信しています。

14〜22行目では加速度センサの値を読み取り，その値をカンマ区切りで送信し，最後に改行コードを送信しています。

これを10ミリ秒待って（21行目）実行することで，10ミリ秒おきにデータを取得して送信するようにしています[*7]。

[*6] count変数に入れる値を変えると送信するデータの数を変えることができます。その場合リスト11.2の15行目の50となっている部分を変更する必要があります。

[*7] ほぼ10ミリ秒おきに送信しますが，正確ではありません。より正確に送るためにはMsTimer2というライブラリを使ってください。

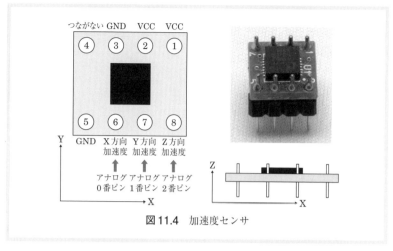

図11.4　加速度センサ

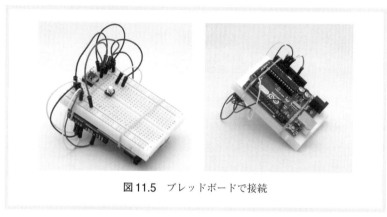

図11.5　ブレッドボードで接続

　このスケッチを実行して，シリアルモニタを開くと送信されるデータが確認できます。ただし，シリアルモニタの右下にある通信速度を115200 bps に変更してください[*8]。

*8　Pythonスクリプトを実行するときはシリアルモニタは閉じてください。

▶リスト11.1◀　加速度データの計測と送信（Arduino用）：Gesture_check.ino

```
1   void setup() {
2     Serial.begin(115200); // 注意：通信速度を変更している
3     pinMode(2, INPUT_PULLUP);
4   }
5
6   void loop() {
7     static int count = 0;
8     if (count == 0) {
9       if (digitalRead(2) == LOW) { // ボタンが押された
10        count = 50; // データ数を50に設定
11        Serial.println("a"); // 開始合図「a」を送信
12      }
13    }
14    else {
15      count--;
16      Serial.print(analogRead(0)); // 加速度センサの値の送信
```

```
17        Serial.print(",");
18        Serial.print(analogRead(1));
19        Serial.print(",");
20        Serial.println(analogRead(2));
21        delay(10);
22     }
23  }
```

(6) スクリプト（パソコン）

　パソコンでデータを受信して，それをファイルに保存するためのスクリプトをリスト 11.2 に示します。

　ここでは，1 回のジェスチャーにつき 1 つのファイルを作ります。そのため，何回目のデータなのかを保存するための変数として，n1 という変数を用意しています。

　まず，6 行目でシリアル通信の設定を行います。この通信速度も 115200 bps とする必要があります。そして，9 行目で何か受信したらそれを gn 変数に代入します。gn には送信開始を表す 1 バイトの文字が入ります。それを読み込んだ後，データを保存するためのファイルの番号（n1）に .txt を付けたファイルを生成します。

　その後，50 回データを読み込み，それをファイルに保存します。

▶リスト 11.2◀　ジェスチャーファイル保存（Python 用）：gesture_save.py

```python
1   import serial
2   import time
3   import os
4
5   n1 = 0
6   with serial.Serial('COM5', 115200) as ser:   # ポートの設定：通信速度を 115200
7       time.sleep(5.0)
8       while True:
9           gn = ser.readline()
10          filename = os.path.join('receive', f'{n1}.txt')   # ファイルの出力の設定
11          n1 += 1
12          print(filename)
13          time.sleep(1.0)
14          with open(filename, 'w') as f:
15              for i in range(50):
16                  line = ser.readline()   # 送られてきたデータを読み取る
17                  line = line.rstrip().decode('utf-8')
18                  f.write(line+'¥n')   # ファイルへの出力
19          print('End')
```

(7) データの集め方

　データの集め方を説明します。gesture_save.py を実行するとジェスチャーの記録待機状態となります。

```
> gesture_save.py
receive/0.txt
End
receive/1.txt
End
receive/2.txt
End
```

　スイッチを押したらすぐにジェスチャーを行ってください。0.5秒間のデータが記録されますので急ぐ必要があります。

　スイッチを押すと上記のようにプロンプトにデータを保存するファイル名が表示されます。最初のファイルは，receiveフォルダの下に0.txtという名前で保存されます。

　その後，Arduinoから送信されたデータがファイルに記録されます。記録が終わるとEndと出ます。これで1回分のジェスチャーの動作が記録されることになります。

　上記の例では，同じジェスチャーを3回分記録したことになります。

　Pythonスクリプトを終了するときはCtrl＋Cを押した後，Arduinoにつながったボタンを何回か押してください。

Tips　　**ジェスチャーデータ収集のコツ**

　少ないデータで学習できるようにするために，毎回同じような動作にする方がよいです。たとえば以下の点に注意してみてください。

- ジェスチャーの開始時の加速度センサの姿勢は毎回同じ
- 円の場合には，下から左回りに1回と決める
- 縦振りの場合には，最初は上に振ることからはじめる
- 縦振りや横振りは3往復と決める

（8）集めたデータをグラフで確認

　集めたデータをグラフで確認します。データのフォーマットは先ほど示したようにx，y，z方向の加速度が50個並んでいます。

　それぞれのジェスチャーのデータをグラフにしたものが図11.6です。4つのジェスチャーがそれぞれ違うことがわかります。この程度グラフ

表11.1　フォルダとジェスチャーの関係

フォルダ名	ジェスチャー
aフォルダ	動かさない
bフォルダ	丸
cフォルダ	縦
dフォルダ	横

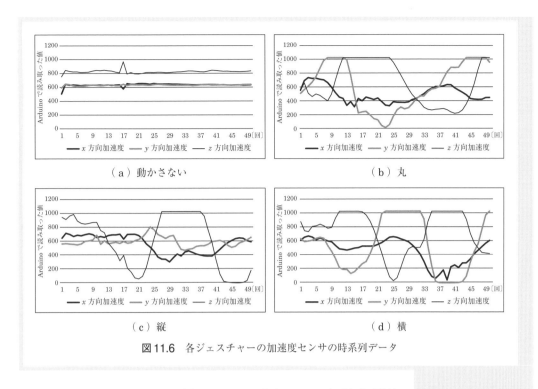

図11.6　各ジェスチャーの加速度センサの時系列データ

が異なるとうまく分類できます*⁹。ここでは，「動かさない」，「丸」，「縦」，「横」の4種類のデータを用意しました。フォルダとジェスチャーの関係は表 11.1 のようにしました。

*9　できそうかどうかの感覚は何度も深層学習のスクリプトを作ると自然に身に付きます。

11.2　【学習】集めたジェスチャーを学習

　集めたジェスチャーデータを使って学習します。そのスクリプトをリスト 11.3 に示します。

　これまでのスクリプトとの違いはネットワークの作り方にあります。7，8，9 章ではディープニューラルネットワークを使い，10 章では畳み込みニューラルネットワークを使いました。

　ここでは，リカレントニューラルネットワークの発展版である Long Short-Term Memory（LSTM）層を使います。LSTM 層によって過去の情報をうまく使って学習することができます。ジェスチャーは連続的に変化する点にポイントがありますので，LSTM 層を使うこととしました。リカレントニューラルネットワークのもう少し詳しい説明は 11.4 節を参考にしてください。

　スクリプトを実行すると次ページの表示が得られます。10 章で示したスクリプトの実行結果とほぼ同じで，検証データを用いた検証を行っていません。この例ではエピソード数（学習回数）が 1 回目のときは学

習データの正答率が49.21％でしたが，20回まで学習すると正答率は99.85％となっています。

```
>gesture_train.py
class: a, class id: 0
class: b, class id: 1
class: c, class id: 2
class: d, class id: 3
Train on 169 samples
Epoch 1/20
169/169 [==============================] - 2s 11ms/
    sample - loss: 1.1390 - accuracy: 0.4921
Epoch 2/20
169/169 [==============================] - 0s 2ms/
    sample - loss: 0.7192 - accuracy: 0.7142
Epoch 3/20
169/169 [==============================] - 0s 2ms/
    sample - loss: 0.4580 - accuracy: 0.8314
（中略）
Epoch 19/20
169/169 [==============================] - 0s 2ms/
    sample - loss: 0.0125 - accuracy: 0.9970
Epoch 20/20
169/169 [==============================] - 0s 1ms/
    sample - loss: 0.0110 - accuracy: 0.9985
```

2章のリスト2.1に示したスクリプトと異なる点は大きく分けると2つあります。1つはデータの読み込み，もう1つはネットワークの構造です。

まず，データの読み込み方法から説明します。データの読み込みは，10～32行目までに相当します。ジェスチャーデータは，ジェスチャーの種類ごとに異なるフォルダに保存されていますので，そのジェスチャーごとのフォルダ名を取得します（13，14行目）。次に，18行目で，ジェスチャーの種類ごとのフォルダからジェスチャーデータのファイル（txtファイル）を1つずつ取得します。19～23行目にかけて，ジェスチャーデータのファイルを開き，センサ値をtempにリスト形式で格納（23行目）していきます。すべての時刻のセンサデータを取得後，tempのリストをNumPyの行列形式に変換します（24行目）。また，ディープラーニングの入力では，入力データを正規化（ここではデータ値の平均値が0，分散が1になる正規化）しておくことが望ましいとされていますので，25～27行目にかけてデータを正規化しています。1つの正規化されたジェスチャーデータをinput_dataにリスト形式で格納し（28行目），そのジェスチャーの種類のラベルもlabel_dataにリスト形式で格納（29行目）しています。ジェスチャーデータとラベルのリストをNumPyの行列形式に変換します（31，32行目）。

次に，ネットワークの構造を説明します。ネットワークの構造はこれ

までのスクリプトに比べてかなり複雑です。これまでは多くて2種類の
ネットワーク構成となっていましたが，今回は3種類（LSTM, Dropout,
Dense）となっており，さらに，ネットワークをより高度にするための
「レイヤーラッパー」というものが用いられています。なんだか難しそ
うですが，1つずつ見ていけば，理解できると思います。

　図11.7のネットワーク構造も参考にしながら説明していきます。

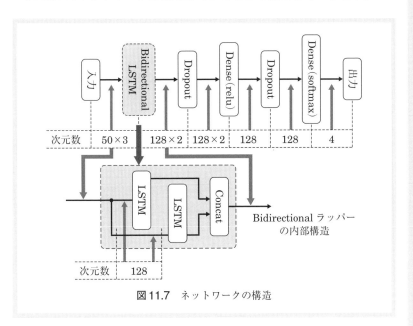

図11.7　ネットワークの構造

　まずは，入力を，レイヤーラッパーの1つである Bidirectional ラッ
パーに LSTM を加えたもので処理しています。LSTM はリカレント
ニューラルネットワークの進化版で，リカレントニューラルネットワー
クを実装するときによく使われます。簡単な問題は LSTM だけ使えば
よいのですが，よりうまく動かすためには，「双方向」にするとよいこ
とがわかっています。通常，LSTM を双方向に改造することはとても難
しいのですが，よく使われる技術ですので，双方向にするための関数の
ようなレイヤーラッパーというものが用意されています。つまり，最初
の keras.layers.Bidirectional(keras.layers.LSTM()) の部分はリカレン
トニューラルネットワークの進化版である LSTM をさらに高度にする
ための双方向（Bidirectional）ラッパーを使っている部分となります。
なお，リカレントニューラルネットワークの仕組みは 11.4 節で説明を
行っています。そして，LSTM のもう少し詳しい説明は 11.4.4 項を参
考にしてください。さらに，双方向にすることについての簡単な説明は
11.4.2 項で行っています。

　では，入力から1つずつ解説します。x，y，z の3次元のデータが50
のサンプルデータとして最初の keras.layers.Bidirectional(keras.layers.

LSTM()) に入力されます（37〜39 行目）。この意味を解説するために，図 11.7 下側の Bidirectional ラッパーの内部構造に着目します。LSTM の引数は出力の次元であり，ここでは 128 次元の出力が得られることになります。そして，Bidirectional ラッパーは同じものを順方向と逆方向から処理した 2 つのものを並べるという処理を行いますので，Bidirectional ラッパーの出力次元数は 128×2 次元となります。

次に，Dropout の設定（40 行目）を行っています。これにより，Dense 層で使わないノードの割合を設定できます。詳しくは 2.7.5 項を参考にしてください。これは「過学習」という学習データに特化したネットワークになることを防ぐ効果があると考えられています。Dropout は使わないノードを選ぶだけですので，出力次元数は同じとなります。

次の Dense 層（41 行目）はこれまで出てきた通りです。ここでは 128 次元になるように設定しています。そして，活性化関数として ReLU 関数を用いています。

その後，Dropout（42 行目）と Dense（43 行目）の処理を行います。なお，43 行目の Dense 層の処理では今回の学習に用いたジェスチャーの数である 4 を設定し，活性化関数としてソフトマックス（softmax）関数を用いています。

▶リスト 11.3◀　ジェスチャーを学習（Python 用）: gesture_train.py

```
1   import tensorflow as tf
2   from tensorflow import keras
3   import numpy as np
4   import os
5
6   def main():
7       epoch = 20   # epoch 数
8       # データの作成
9       # データ用の変数
10      input_data = []
11      label_data = []
12      id = 0
13      data_dir = './data' # data フォルダの下にデータがある
14      for c in sorted(os.listdir(data_dir)): # フォルダを取り出す
15          print(f'folder: {c}, label: {id}') # フォルダごとにラベルを付ける
16          d = os.path.join(data_dir, c)
17          files = os.listdir(d)
18          for i in [ft for ft in files if ('txt' in ft)]:
                # txt ファイルのみ取り出す
19              with open(os.path.join(d, i), mode='r') as f:
20                  temp = []
21                  for line in f.readlines(): # データの読み込み
22                      t = line.strip().split(',')
23                      temp.append(t)
24              temp = np.array(temp, dtype=np.float32)
25              ave = np.mean(temp)
```

```
26              var = np.std(temp)
27              temp = (temp - ave) / var   # 正規化
28              input_data.append(temp)
29              label_data.append(id)
30          id += 1
31      train_data = np.array(input_data, dtype=np.float32) #学習データ（入力）
32      train_label = np.array(label_data) #学習データ（ラベル）
33
34      # ネットワークの登録
35      model = keras.Sequential(
36          [
37              keras.layers.Bidirectional( #双方向
38                  keras.layers.LSTM(128, return_sequences=False),
39                      input_shape=(50, 3)#LSTM
40              ),
41              keras.layers.Dropout(0.5), #ドロップアウト
42              keras.layers.Dense(128, activation='relu'), #全結合層
43              keras.layers.Dropout(0.5), #ドロップアウト
44              keras.layers.Dense(4, activation='softmax'),
45          ]
46      )
47  #   model = keras.models.load_model(os.path.join('result', 'RNNmodel'))
        # modelのロード
48      # モデルの設定
49      model.compile(
50          optimizer='adam', loss='sparse_categorical_crossentropy',
                metrics=['accuracy']
51      )
52      # TensorBoard用の設定
53      tb_cb = keras.callbacks.TensorBoard(log_dir='log',
            histogram_freq=1)
54      # 学習の実行
55      model.fit(
56          train_data, train_label, epochs=epoch, batch_size=16,
                callbacks=[tb_cb]
57      )
58      # モデルの保存
59      model.save(os.path.join('result', 'RNNmodel'))
60
61  if __name__ == '__main__':
62      main()
```

11.3 【分類】加速度計を振って得たジェスチャーの分類

　リスト 11.3 を実行すると学習済みモデルが生成されます。学習済みモデルは result フォルダの下に RNN.model として保存されます。そのモデルを使ってジェスチャーとして送られてきたデータを分類する方法を示します。

　実行すると次ページのように分類結果がターミナルに表示されます。

```
>gesture_test.py
1
3
1
2
（後略）
終了は Ctrl+C を入力後，回路のボタンを押す
```

　ここで，1 は 1 番のラベルとして分類されたことを意味します。ラベルとジェスチャーの関係は 11.2 節の実行結果のはじめの 4 行にあった class と id の関係から対応付けます。

　たとえば，実行結果では「class: b, class id: 1」となっています。1 番のラベルは b フォルダ（この例では丸）に入っているジェスチャーという意味となります。

（1）電子回路と工作

　簡単に実行するために，11.1 節で用いた電子回路と工作を用いることとします。

（2）スケッチ（Arduino）

　簡単に実行するために，Arduino のスケッチはリスト 11.1 と同じものを使います。

（3）スクリプト（パソコン）

　判定のためのスクリプトをリスト 11.4 に示します。大きく分けると以下の 3 つの部分から成り立っています。

- 学習済みモデルの読み込み
- データの受信
- 分類

まず，学習済みモデルの読み込みは 9 行目で実行しています。

　次に，データの受信部分は 14〜23 行目で行います。データの受信はリスト 11.2 を修正したものにリスト 11.3 のデータを TensorFlow で使いやすい形に変換する部分を合わせたものとなっています。このスクリプトを実行すると最後に受信したデータが temp.txt ファイルへ保存されるようになっています。さらに，受信データがファイルに保存されるため，どのようなデータが受信されたか数値やグラフで確認でき，デバッグなどに役立ちます。

　最後に，判別する部分は 28〜30 行目で行います。この判別する部分は 10 章のリスト 10.4 と同様の処理を行っています。同様ですが，いくつか異なる点がありますので説明します。29 行目の model.predict 関

数で予測値を得ています。そして，LSTMを使っていて，今回は最後の
出力だけ使いますので，y[0]として30行目で取り出して分類していま
す。最後に分類結果を表示しています（31行目）。

▶リスト11.4◀　ジェスチャーを分類（Python用）：gesture_test.py

```python
1   import tensorflow as tf
2   from tensorflow import keras
3   import numpy as np
4   import os
5   import serial
6   import time
7
8   def main():
9       model = keras.models.load_model(os.path.join('result', 'RNNmodel'))
            # modelのロード
10
11      with serial.Serial('COM5', 115200) as ser:   #ポートの設定：通信速度を115200
12          time.sleep(5.0)
13          while True:
14              temp = []
15              gn = ser.readline()
16              gn = gn.strip()
17              with open('temp.txt', 'w') as f:
18                  for i in range(50):
19                      t = ser.readline()   #Arduinoからのデータの読み取り
20                      line = t.rstrip().decode('utf-8')
21                      f.write(line + '¥n')
22                      t = t.rstrip().decode('utf-8').split(',')
23                      temp.append(t)
24
25              temp = np.array(temp, dtype=np.float32)
26              ave = np.mean(temp)
27              var = np.std(temp)
28              temp = np.array([(temp - ave) / var])
29              y = model.predict(temp)   # 予測
30              result = y[0].argmax()   #分類
31              print(result)
32
33  if __name__ == '__main__':
34      main()
```

11.4　リカレントニューラルネットワーク

　リカレントニューラルネットワークとは過去の情報をうまく使うこと
で時系列データをうまく扱うことができる方法です。たとえば，自動作
文や予測などができます。ここでは，自動作文と天気予報，ジェス
チャー分類を例にとりながら特徴を説明します。

11.4.1 リカレントニューラルネットワークの基本構造

リカレントニューラルネットワークの構造は多くの WEB や書籍で図 11.8 のように表されています。角丸四角のブロックはノードを表しているのですが，1つのデータを表しているのではなく，図 11.9 のようにノードがたくさん入っているものとなります。たとえば，この章で説明した3軸加速度では x，y，z の3つのデータが角丸四角に入ります。

順を追ってリカレントニューラルネットワークが答えを出す仕組みを見ていきます。

まず，x_1 から x_n までのデータの処理を同時に行っているわけではありません。x_1 の処理が終わったら x_2 の処理，x_2 の処理が終わったら x_3 の処理のように，それぞれ点線で囲まれた処理を順に行っていくことになります。

この処理をもう少し具体的に見ていきます。

まず，1つ目のデータを x_1 にセットします。それを角丸四角ブロックで処理します。このブロックには h_0 が入る場合もありますが，今回

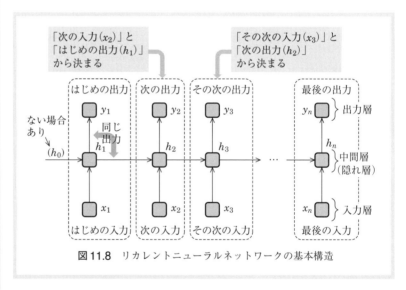

図 11.8 リカレントニューラルネットワークの基本構造

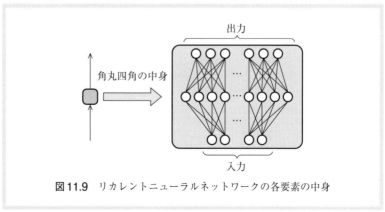

図 11.9 リカレントニューラルネットワークの各要素の中身

は 0 とします。すると h_1 が計算されます。この h_1 を使ってその上に
あるブロックで y_1 が計算されます。この y_1 が出力となります。

次に，2つ目のデータを x_2 にセットします。セットされた x_2 と h_1
の2つのデータが角丸四角ブロックに入って処理されます。そして，h_2
が計算され，y_2 が出力されます。

その後は同様に，3つ目のデータが x_3 にセットされて，h_2 と一緒に
角丸四角ブロックで処理されます。

このように，1つ前の計算結果と新しい入力をセットにすることで過
去の情報を引き継いで新しい出力を作ります。

最後に学習について説明します。リカレントニューラルネットワーク
の場合，x_1 を入力したときの出力 y_1 は次の入力 x_2 の予測値となります。
そのため，出力 y_1 は x_2 を教師データとして学習します。なお，本章で
扱ったジェスチャーの分類の場合は毎回学習しません。このことに関し
てもこの後で説明します。

11.4.2 リカレントニューラルネットワークの応用例

応用例として天気予報と自動作文，ジェスチャーの3つ紹介します。

(1) 天気予報

天気予報をリカレントニューラルネットワークで処理する方法を紹介
します。このイメージを図11.10に示します。

天気予報のデータはある年の1月1日からあるものとし，まずは1月
1日のデータを入れます。データとしては気温や気圧，風速など天候に
関係しそうなさまざまなデータを使うことができます。そうすると，1
月2日の予測が出てきます。

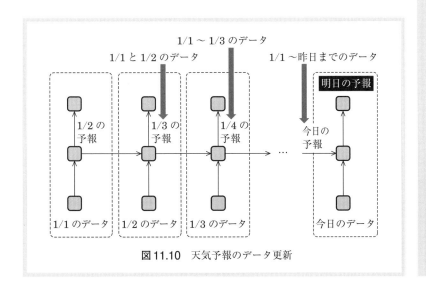

図11.10 天気予報のデータ更新

1月2日の予測と1月2日のデータを合わせて1月3日の予測をします。1月2日の予測は1月1日のデータが含まれているため，1月3日の予測は1月1日と2日のデータを使って予測したことになります。

同様に，1月4日の予測は1月3日の予測と1月3日のデータから行います。つまり，1月1日～3日までのデータを使っていることになります。

これを繰り返すと，明日の予測は1月1日～今日までのデータを使って行うことになります。

これにより，過去のデータを使いながら未来のデータを予測することができるようになります。

(2) 自動作文

自動作文をリカレントニューラルネットワークで処理する方法を紹介します。このイメージを図11.11に示します。

ここでは，夏目漱石の『吾輩は猫である』の本を学習したものとしましょう。入力として，「吾輩」を入れると，「は」が出力されます。自動作文では，「は」だけを入力として加えます。この「は」は単なる「は」ではなく，「吾輩」の後ろの「は」となっています。そうすると，「猫」が出てきます。同様に，「猫」だけを入力として加えます。というように1つ入れると芋づる式にどんどん言葉がつながるのが自動作文です。

これは先ほどの天気予報とは違い入力データが前の単語だけです。

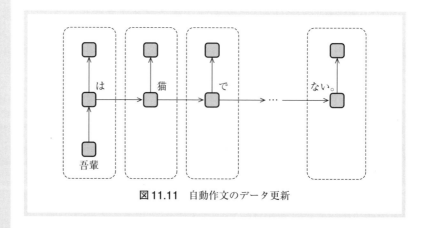

図11.11　自動作文のデータ更新

(3) ジェスチャー分類

ジェスチャー分類をリカレントニューラルネットワークで処理する方法を紹介します。このイメージを図11.12に示します。

ジェスチャーの分類では各時刻でのジェスチャーデータを入力とします。自動作文や天気予報と異なる点としては，各時刻で出力を計算しない点です。つまり，毎回学習するのではなく，一定のデータ数に達した

後，一度だけ教師データを用いて学習することとなります。

　この考え方をさらに進めたものが本章で使った双方向のリカレントニューラルネットワークです。このイメージを図 11.13 に示します。

　先ほどと異なるのは，未来の時刻の入力から過去の時刻にさかのぼって履歴を保持していく部分の層がある点です。下側の $T=1$ から $T=2$，$T=n$ へと処理していく方向を順方向，$T=n-1$ から $T=0$ に向かって処理していく方向を逆方向と呼びます。順方向から最終的に $T=n$ までの入力の履歴情報が出力され，逆方向からは $T=0$ までの履歴情報が出力されます。この 2 種類の履歴情報を用いてジェスチャーを分類します。

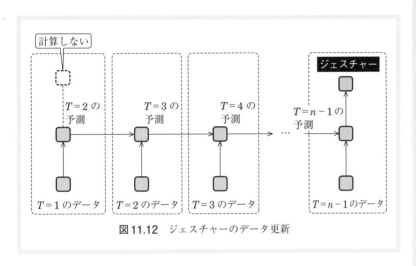

図 11.12　ジェスチャーのデータ更新

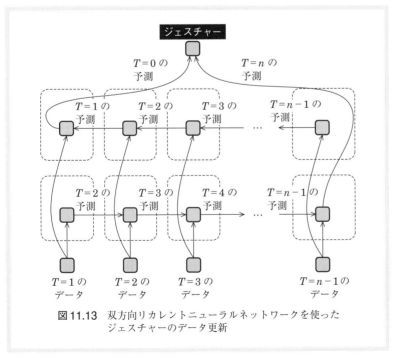

図 11.13　双方向リカレントニューラルネットワークを使った
　　　　　ジェスチャーのデータ更新

11.4.3 ニューラルネットワークとの対応

リカレントニューラルネットワークを知ってもらうための概要を説明しました。ここでは具体的なアルゴリズムを示します。

まず，図11.8 に示したリカレントニューラルネットワークを図11.14 のように描き直します。これは図11.8 を横向きにして，x を入力として計算された h を次の入力に使うことを示しています。

リカレントニューラルネットワークの角丸四角の部分は図11.9 に示すようなノードが並んでいるものでした。そこで，図11.14 の角丸四角に図11.9 に示すノードを当てはめると図11.15 となります。

また，この図に s_1，s_2 の求め方と y_1，y_2 の求め方も載せました。

この図だと線が多くてわかりにくくなりますので，この図を2つの部分に分けて示します。

まず，図11.16 の部分について説明をします。これは，直線で構成されている通常のニューラルネットワークと同じです。つまり，リカレントニューラルネットワークは通常のニューラルネットワークに少し構造をプラスしたものであることがわかります。

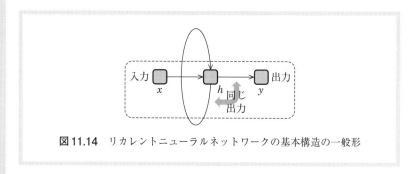

図11.14 リカレントニューラルネットワークの基本構造の一般形

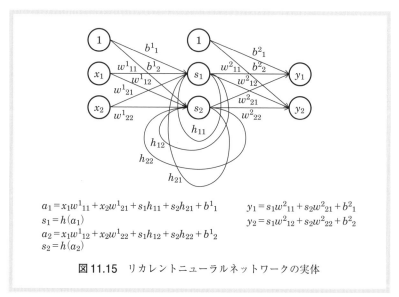

$a_1 = x_1w^1{}_{11} + x_2w^1{}_{21} + s_1h_{11} + s_2h_{21} + b^1{}_1$　　$y_1 = s_1w^2{}_{11} + s_2w^2{}_{21} + b^2{}_1$
$s_1 = h(a_1)$　　$y_2 = s_1w^2{}_{12} + s_2w^2{}_{22} + b^2{}_2$
$a_2 = x_1w^1{}_{12} + x_2w^1{}_{22} + s_1h_{12} + s_2h_{22} + b^1{}_2$
$s_2 = h(a_2)$

図11.15 リカレントニューラルネットワークの実体

次に，図 11.17 の部分について説明をします。この曲線の部分がリカレントニューラルネットワークの核心的な部分ですので，丁寧に見ていきましょう。

まず，s_1 から出ている曲線は 2 本あります。1 本は s_1 に戻っていて，もう一本は s_2 に入っています。この曲線は通常のニューラルネットワークの接続する線と同じ役割を果たしますので，それぞれに重みが設定されています。ここでは，s_1 から出て s_1 に戻る線の重みを h_{11}，s_1 から出て s_2 に入る重みを h_{12} としています。s_2 から出ている曲線も同様の役割をします。

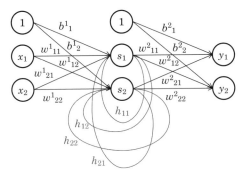

$$a_1 = x_1 w^1{}_{11} + x_2 w^1{}_{21} + s_1 h_{11} + s_2 h_{21} + b^1{}_1$$
$$s_1 = h(a_1)$$
$$a_2 = x_1 w^1{}_{12} + x_2 w^1{}_{22} + s_1 h_{12} + s_2 h_{22} + b^1{}_2$$
$$s_2 = h(a_2)$$

$$y_1 = s_1 w^2{}_{11} + s_2 w^2{}_{21} + b^2{}_1$$
$$y_2 = s_1 w^2{}_{12} + s_2 w^2{}_{22} + b^2{}_2$$

図 11.16 リカレントニューラルネットワークのニューラルネットワークの部分

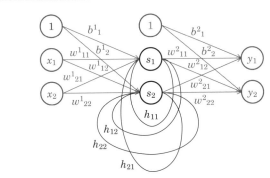

$$a_1 = x_1 w^1{}_{11} + x_2 w^1{}_{21} + s_1 h_{11} + s_2 h_{21} + b^1{}_1$$
$$s_1 = h(a_1)$$
$$a_2 = x_1 w^1{}_{12} + x_2 w^1{}_{22} + s_1 h_{12} + s_2 h_{22} + b^1{}_2$$
$$s_2 = h(a_2)$$

$$y_1 = s_1 w^2{}_{11} + s_2 w^2{}_{21} + b^2{}_1$$
$$y_2 = s_1 w^2{}_{12} + s_2 w^2{}_{22} + b^2{}_2$$

図 11.17 リカレントニューラルネットワークの再帰的な部分

11.4.4　リカレントニューラルネットワークの進化版 −LSTM−

　ここまでは，リカレントニューラルネットワークの初期型を示しました。この方法だけだと，過去の情報がどんどん薄まってしまいます。それはそれでよいことですが，次の例の場合，リカレントニューラルネットワークではうまく答えることができなくなります。

　「修学旅行で京都に行ったときに印象に残ったのは，そこに住む人たちの温かさと，歴史ある街並みで，中でも〇〇のすばらしさに圧倒されました」

　これを読むと，〇〇に入るのは「金閣寺」だったり「清水寺」だったりと推測できます。しかし，京都という単語が離れすぎているため，上記で説明したままのリカレントニューラルネットワークでは〇〇をうまく答えることができなくなります。

　そこで，以下の 2 つを実現できる仕組みが必要となります。

- 重要そうな単語はいつまでも覚えていること
- 重要でない単語はすぐに忘れること

　これを実装したものを LSTM（Long Short-Term Memory）と呼びます。そして，TensorFlow ではこの 2 つの仕組みをブラックボックスの処理に入れ込んで使いやすくなっています。

　図 11.8 のように時系列に並んでいた方が，前の情報を使って次の出力を決める処理をしていることが直観的に理解しやすくなります。しかし図 11.18 のように 1 つのブロックで表す方が一般的となっており，さらに，この図のように h_1 や h_2 もそのブロックの中に隠した描き方の方が一般的になりつつあります。

　そして，LSTM ブロックの出力に全結線ニューラルネットワークを付けて分類問題に使用することが多くあります。そこで，この図では全

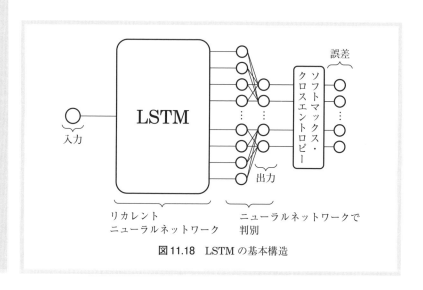

図 11.18　LSTM の基本構造

結線ニューラルネットワークとラベル（教師）データとの誤差の計算を
するソフトマックス・クロスエントロピーを付けて表すこととしていま
す。

　このLSTMというのはとても難しい処理です。TensorFlowではこの
中身を完全にブラックボックスとしてありますので，あまり気にせずに
LSTMを用いたリカレントニューラルネットワークを作ることができま
す。

　LSTMはブラックボックスになっていますが，ここでは，その正体を
簡単に紹介しておきたいと思います。

　内部構造は図11.19のようになっています。

　次の状態に渡すデータはこれまでの説明では1種類（h_tの部分）だ
けでしたが，LSTMではもう1種類（C_tの部分）あります。C_tの部分
はメモリセルと呼ばれ，「重要なことだから覚えておこう」というもの
を保存しておくところになっています。

　LSTMの内部構造を3つの役割に分けて簡単に説明を行います。左
の部分は「忘却ゲート」と呼ばれメモリセルの中身を忘れさせようとす
る部分です。真ん中には，「入力ゲート」というものがあり，覚えてお
くものを選択する部分があります。右の部分にはメモリセルの状態から
現在の状態を更新する「出力ゲート」という部分があります。なお，σ
はシグモイドニューラルネットワークと呼ばれる層で，tanhはハイパ
ボリックタンジェントニューラルネットワークと呼ばれる層です。

　これ以上の説明は非常に難しくなってしまいますので，LSTMの大
まかな役割を説明するだけにとどめます。

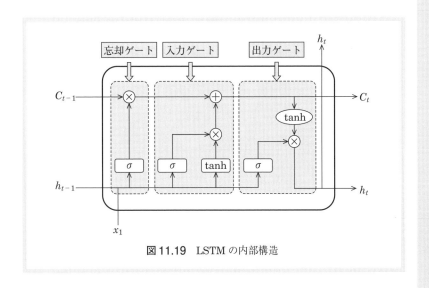

図11.19　LSTM の内部構造

第12章　深層強化学習で手順を学ぶ

　3章で説明した，井戸問題を対象として，図12.1に示すように実際の電子工作を動かしながら深層強化学習で学習する方法を説明します。7章〜11章までは深層学習を扱ってきましたが，本章では深層強化学習を対象とします。深層強化学習の利点の1つに，すべての入力に対する答えを与える必要がないという点があります。

　本章の面白い点は，サーボモータに付けたサーボホーン（棒のようなもの）が桶の上下を表し，LEDが水のありなしを表していることを「教えずに」画像そのものを学習してうまく動く点です。

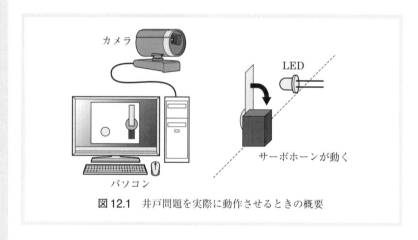

図12.1　井戸問題を実際に動作させるときの概要

本章では以下の手順で説明を行います。
①**問題設定**　電子回路で実現する方法を説明する（12.1節）
②**連携（深層強化学習＋電子工作）**　カメラを使って状態を取得する方法に変更する（12.2節）

　なお，井戸問題をスクリプトだけで実現する方法は3章で説明していますので，この章では電子回路で実現する方法に説明の重点を置きます。

12.1 【問題設定】電子回路で実現する方法

問題設定

　サーボモータにサーボホーン（棒）を付けて桶の位置を表すこととします。桶に水が入っていることは LED の消灯で，水がないことは点灯で表します。これらの状態はカメラで計測します。紐を引く動作と桶を傾ける動作はパソコンから Arduino へ指令を与えることで実現します。そして水が得られたこと（報酬）は Arduino からパソコンへ指令を与えることとします。

　紐を引いて桶を下げて水をくみ，紐を引いて桶を上げてから桶を傾ける手順を学ぶことはできるでしょうか。

使用する電子部品	
LED	1個
抵抗（1 kΩ）	1本
サーボモータ (SG-90)	
	1個
AC アダプタ（5 V）	
	1個
ブレッドボード用 DC ジャック DIP 化キット	
	1個

　対象とする井戸問題と同じになるように，かつ，電子回路で実現しやすいように，簡略化した問題を設定します。これを実現するには図 12.2 として配置することとします。この設定のように水が入っていないときに LED が光ると報酬が得られたということになります。こうすることで，報酬を得たことがわかりやすくなります。

　パソコンと Arduino を連携させるためには以下の 2 種類の通信を用意します。

学習時の通信　パソコンと Arduino の間で動作指令を送って状態と報酬を返す通信を行います。この通信で送受信されるデータを図 12.3 に示します。パソコンから Arduino へ送信するデータは次の 2 つです。

- 紐を引く動作：「p」（pull の頭文字）という文字を送信
- 桶を傾ける動作：「i」（incline の頭文字）という文字を送信

一方，Arduino からパソコンへ送信するデータは次の 2 つです。

- 報酬がある場合[*1]：「1」を送信
- 報酬がない場合：「0」を送信

初期状態に戻すための通信　次の学習をはじめるときには初期状態に戻す必要があります。パソコンから Arduino に送信されるデータを図 12.4 に示します。パソコンから送信するデータは次の 1 つです。

- 初期状態にする：「c」（clear の頭文字）という文字を送信

なお，Arduino からパソコンへ送信するデータはありません。

Arduino が「p」，「i」，「c」を受信した後のそれぞれの動作の説明をします。

*1　桶が上にあって，かつ，水が入っているときに桶を傾ける動作を行った場合。

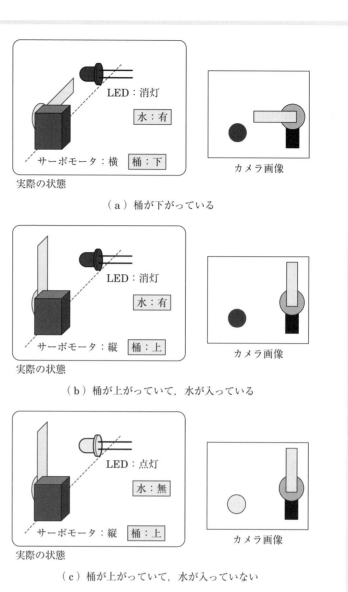

（a）桶が下がっている

（b）桶が上がっていて，水が入っている

（c）桶が上がっていて，水が入っていない

図 12.2　桶と水の関係をサーボモータの角度と LED の点灯状態で
表したときの対応関係

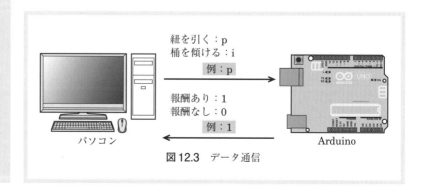

図 12.3　データ通信

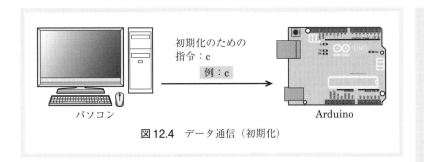

図12.4　データ通信（初期化）

（1）Arduino が「p」を受信した場合

図 12.2（a）のようにサーボホーンが横を向いていれば，図 12.2（b）となるようにサーボモータを回して縦にします。逆に図 12.2（b）や（c）の状態のときには図 12.2（a）となるようにします。そして，図 12.2（a）になると LED を消灯させます[*2]。「p」は紐を引く動作なので，図 3.6 にも示したように，報酬は発生しません。そこで，Arduino からは「0」を送信します。

（2）Arduino が「i」を受信した場合

桶が上にある場合は LED を点灯させます[*3]。「i」を受信したときには状態によっては報酬が得られます。図 3.6 を参照しながら報酬が得られる場合と得られない場合をここで説明します。報酬が得られるのは「桶が上にあり，かつ，水が入っている場合」だけです。このときには，Arduino からは「1」を送信します。それ以外は「0」を送信します。

（3）Arduino が「c」を受信した場合

次の学習に入る前に，初期状態に戻す必要があります。Arduino は「c」という文字を受信すると「桶：下，水：有」の状態に戻ります。

*2　直前の状態で LED が消灯していてもしていなくても，桶が下がれば水が入ります。そのため，LED の状態にかかわらず消灯させる処理をします。

*3　サーボモータを回転させて桶を下げたときと同様の理由で，桶が上にあって傾ける動作が行われれば LED を点灯させます。

12.2　【連携】実際に動作させながら学習

連携させるためには以下の 3 つを作る必要があります。
- Python スクリプト
- 電子工作
- Arduino スケッチ

それぞれについて説明した後に連携させた結果を示します。

（1）スクリプト（パソコン）

3 章のリスト 3.1 に示したスクリプトをもとに変更します。そのスク

リプトをリスト 12.1 に示します。

電子工作と連携するため以下の変更を行いました。

- カメラ画像を得る
- カメラ画像を状態として学習する
- 通信により Arduino を動かして報酬を得る
- 上記の 3 つを動かすためのいくつかの変更

リスト 3.1 とリスト 12.1 はずいぶん異なるように感じるかもしれません。各部分と対応付けながらスクリプトの説明を行います。

▶リスト 12.1◀　桶の操作の送信，状態と報酬の受信（Python 用）：ido_exp.py

```python
import tensorflow as tf
from tensorflow import keras
import numpy as np

from tf_agents.environments import py_environment, tf_py_environment, wrappers
from tf_agents.agents.dqn import dqn_agent
from tf_agents.networks import network, q_network
from tf_agents.replay_buffers import tf_uniform_replay_buffer
from tf_agents.policies import policy_saver
from tf_agents.trajectories import time_step as ts
from tf_agents.trajectories import trajectory
from tf_agents.specs import array_spec
from tf_agents.utils import common
from tf_agents.drivers import dynamic_step_driver

import serial #シリアル通信用
import cv2 #OpenCV
import time

ser = serial.Serial('COM5')    #ポートのオープン
cap = cv2.VideoCapture(0)    #カメラの設定

def capture(ndim=3):    #カメラ画像を取得して状態を作成するための関数
    ret, frame = cap.read()    #画像の読み込み
    gray = cv2.cvtColor(frame, cv2.COLOR_BGR2GRAY)
    xp = int(frame.shape[1]/2)
    yp = int(frame.shape[0]/2)
    d = 200
    cv2.rectangle(gray, (xp-d, yp-d), (xp+d, yp+d), color=0,
        thickness=10)    #切り抜き
    #cv2.imshow('gray', gray)    #表示しない
    gray = cv2.resize(gray[yp-d:yp + d, xp-d:xp + d],(32, 32))
    img = np.asarray(gray, dtype=np.float32)/255
    if ndim == 3:
        return img[:, :, np.newaxis]
    else:
        return img[np.newaxis, :, :, np.newaxis]
# 環境の設定
class EnvironmentSimulator(py_environment.PyEnvironment):
```

```
39       # 初期化
40       def __init__(self):
41           super(EnvironmentSimulator,self).__init__()
42           # 状態の設定
43           self._observation_spec = array_spec.BoundedArraySpec(
44                   shape=(32,32,1), dtype=np.float32, minimum=0, maximum=1
45           )
46           # 行動の設定
47           self._action_spec = array_spec.BoundedArraySpec(
48                   shape=(), dtype=np.int32, minimum=0, maximum=1
49           )
50           # 状態を初期値に戻すための関数の呼び出し
51           self._reset()
52       # 状態のリストを戻す関数（この本では変更しない）
53       def observation_spec(self):
54           return self._observation_spec
55       # 行動のリストを戻す関数（この本では変更しない）
56       def action_spec(self):
57           return self._action_spec
58       # 状態を初期値に戻すための関数
59       def _reset(self):
60           ser.write(b'c') #cを送信
61           self._state = capture() # 今のカメラ画像を初期状態に
62           return ts.restart(np.array(self._state, dtype=np.float32))
63       # 行動の関数
64       def _step(self, action):
65           # 行動による状態遷移
66           if action == 0:    # 引く行動の場合
67               ser.write(b'p')    # 「p」を送信
68           else:    # 傾ける行動の場合
69               ser.write(b'i')    # 「i」を送信
70
71           time.sleep(1.0)    # 入れると動作が安定する場合あり
72           reward = int(ser.read())    # 報酬の受信
73           for _ in range(5):    # バッファのクリア
74           self._state = capture()    # 状態の取得
75           # 戻り値の設定
76           return ts.transition(np.array(self._state, dtype=np.float32),
                   reward=reward, discount=1)
77  # エージェントの設定
78  class MyQNetwork(network.Network):
79       # 初期化
80       def __init__(self, observation_spec, action_spec, name='QNetwork'):
81           q_network.validate_specs(action_spec, observation_spec)
82           n_action = action_spec.maximum - action_spec.minimum + 1
83           super(MyQNetwork,self).__init__(
84               input_tensor_spec=observation_spec,
85               state_spec=(),
86               name=name
87           )
88           # ネットワークの設定
89           self.model = keras.Sequential(
90               [
91                   keras.layers.Conv2D(16, 5, 1, activation='relu'),
                       # 畳み込み
```

```
 92              keras.layers.MaxPool2D(2, 2),  #プーリング
 93              keras.layers.Conv2D(64, 5, 1, activation='relu'), #畳み込み
 94              keras.layers.MaxPool2D(2, 2),  #プーリング
 95              keras.layers.Flatten(),  #平坦化
 96              keras.layers.Dense(n_action),  #全結合層
 97          ]
 98      )
 99      #モデルを戻す関数（この本ではほぼ変更しない）
100      def call(self, observation, step_type=None, network_state=(),
             training=True):
101          return self.model(observation, training=training),
             network_state
102  #メイン関数
103  def main():
104      #環境の設定
105      env = tf_py_environment.TFPyEnvironment(
106          wrappers.TimeLimit(
107              env=EnvironmentSimulator(),
108              duration=15
109          )
110      )
111      #ネットワークの設定
112      primary_network = MyQNetwork(
113          env.observation_spec(),
114          env.action_spec()
115      )
116      #ネットワークの概要の出力（必要ない場合はコメントアウト）
117      #primary_network.build(input_shape=(None,
             *(env.observation_spec().shape)))
118      #primary_network.model.summary()
119      #エージェントの設定
120      n_step_update = 1
121      agent = dqn_agent.DdqnAgent(
122          env.time_step_spec(),
123          env.action_spec(),
124          q_network=primary_network,
125          optimizer=keras.optimizers.Adam(learning_rate=1e-2),
126          n_step_update=n_step_update,
127          epsilon_greedy=1.0,
128          target_update_tau=1.0,
129          target_update_period=10,
130          gamma=0.8,
131          td_errors_loss_fn = common.element_wise_squared_loss,
132          train_step_counter = tf.Variable(0)
133      )
134      #エージェントの初期化
135      agent.initialize()
136      agent.train = common.function(agent.train)
137      #エージェントの行動の設定（ポリシーの設定）
138      policy = agent.collect_policy
139      #データの記録の設定
140      replay_buffer = tf_uniform_replay_buffer.TFUniformReplayBuffer(
141          data_spec=agent.collect_data_spec,
142          batch_size=env.batch_size,
143          max_length=10**4
```

```
144     )
145     #TensorFlow学習用のオブジェクトへの整形
146     dataset = replay_buffer.as_dataset(
147         num_parallel_calls=3,
148         sample_batch_size=32,
149         num_steps=n_step_update+1
150     ).prefetch(3)
151     # データ形式の整形
152     iterator = iter(dataset)
153     #Arduinoの再起動待ち
154     time.sleep(5.0)
155     #replay_bufferの自動更新の設定
156     driver = dynamic_step_driver.DynamicStepDriver(
157         env,
158         policy,
159         observers=[replay_buffer.add_batch],
160         num_steps=50
161     )
162     driver.run() #driver.run(maximum_iterations=50)とすると安定する場合がある
163     # 変数の設定
164     num_episodes = 50   # エピソードの回数
165     line_epsilon = np.linspace(start=1, stop=0, num=num_episodes)
166     #エピソードの繰り返し
167     for episode in range(num_episodes):
168         episode_rewards = 0 #1エピソード中の報酬の合計値の初期化
169         episode_average_loss = [] # 平均lossの初期化
170
171         time_step = env.reset() #エージェントの初期化
172         policy._epsilon = line_epsilon[episode] #ランダム行動の確率の設定
173         # 設定した行動回数の繰り返し
174         t = 0
175         while True:
176             policy_step = policy.action(time_step) # 今の状態から次の行動の取得
177             next_time_step = env.step(policy_step.action)
                    # 次の行動から次の状態の取得
178             # エピソードの保存
179             traj = trajectory.from_transition(time_step, policy_step,
                next_time_step)
180             replay_buffer.add_batch(traj)
181             # 実行状態の表示（学習には関係しない）
182             A = policy_step.action.numpy().tolist()[0]   # 行動
183             R = next_time_step.reward.numpy().astype('int').tolist()[0]
                    # 報酬
184             print(f'{t}, {A}, {R}')
185             # 学習
186             experience, _ = next(iterator)
187             loss_info = agent.train(experience=experience)   # 学習
188             #lossと報酬の計算
189             episode_average_loss.append(loss_info.loss.numpy())
                    #lossの計算
190             episode_rewards += R
191             # 終了判定
192             if next_time_step.is_last(): # 設定した行動回数に達したか？
193                 break
194             else:
```

```
195            time_step = next_time_step  # 次の状態を現在の状態にする
196          t = t + 1
197       # 行動終了後の情報の表示
198       print(f'Episode:{episode+1}, Rewards:{episode_rewards},
              Average Loss: {np.mean(episode_average_loss)},
              Current Epsilon: {policy._epsilon:.4f}')
199     # ポリシーの保存
200     tf_policy_saver = policy_saver.PolicySaver(policy=agent.policy)
              # 学習済みポリシーの保存
201     tf_policy_saver.save(export_dir='policy')
202
203  if __name__ == '__main__':
204      main()
205
206  ser.close()
207  cap.release()
```

(a) カメラ画像を得る

　3章はシミュレーションでしたのでカメラ画像を得ることは行っていませんでした。カメラ画像を得る方法はリスト 3.1 からの変更でなく，リスト 12.1 に新たに追加した部分となります。

　このカメラ画像を得る部分は，capture 関数（23〜36行目）です。このスクリプトは 10 章のリスト 10.4 に示した手の画像を得て分類する方法とほぼ同じです。大きく異なる点はカメラ画像を表示しない点です*4。

(b) カメラ画像を状態として学習する

　3章では状態は 0，1 の 2 ビットでしたのでディープニューラルネットワーク（DNN）を用いていました。この章では状態はカメラ画像としますので，畳み込みニューラルネットワーク（CNN）を用いることとします。

　畳み込みニューラルネットワークは MyQNetwork クラス（78〜101行目）に書かれています。ここでは，2 回の畳み込み処理が設定されています（91，93行目）。どちらの処理も，フィルタサイズ 5，ストライドサイズ 1*5 としています。そして，1 回目の畳み込みではフィルタ数を 16，2 回目の畳み込みではフィルタ数を 64 としています。また，プーリングは 2 回ともプーリングフィルタサイズ 2 とし，最大値プーリングとしています（92，94行目）。

　そして，95 行目の Flatten 層で平坦化を行い，2 次元を 1 次元に直しています。そして，96 行目で出力ノードと Dense 層を用いて線形結合を行っています。出力ノード数を表す n_action は 82 行目で状態の最大数から状態の最小数を引いて定義したものを使っています。なお，n_action は 2 であり，井戸問題では「紐を引く動作」と「桶を傾ける

*4　このスクリプトではサーボモータを動作させてその動作が完了するのを待つ関係上，0.5 秒ごとに処理を行っています。0.5 秒間隔でカメラ画像を表示しようとしても，ほかの処理との競合により表示されないことが確認されました。

*5　パディングは設定していないのでデフォルトの「使用しない」となります。

動作」の 2 つです。

以上の 2 回の畳み込み処理と 2 回のプーリング処理を入力画像（32 × 32 ピクセル）に対して行ったときの各画像のピクセル数は以下のように求められます[*6]。

$$((32 + 2 \times 0 - 5)/1 + 1) \times 1/2 = 14 \qquad (12.1)$$

$$((14 + 2 \times 0 - 5)/1 + 1) \times 1/2 = 5 \qquad (12.2)$$

最後のフィルタ数が 64 であることから式 (12.3) として計算できます。

$$5 \times 5 \times 64 = 1600 \qquad (12.3)$$

このように，畳み込み処理後のノード数を知っていると，どの程度の畳み込み処理を行えばよいかがわかります。たとえば，式 (12.2) で一辺が 5 の画像になっていることがわかります。この画像にフィルタサイズが 5 の畳み込み処理をすると出力が 1 になってしまうことがわかります。そのため，畳み込み処理はすべきでないことがわかります。また，式 (12.3) に示すように，平坦化後のノード数が 1600 となっている点も重要で，フィルタ数が多いのか少ないのかを判断することができるようになります[*7]。

(c) 通信により Arduino を動かして報酬を得る

3 章ではシミュレーションでしたので，スクリプト中で状態の遷移と報酬の設定をしていました。本章では Arduino に動作のための文字（「p」か「i」のどちらか）を送り，Arduino から送られる報酬を受け取るように変更します。

変更した部分は step 関数（64〜76 行目）です。

まず，0 番の行動が選択された場合は紐を引くために，Arduino に「p」を送り（67 行目），1 番の行動が選択された場合は桶を傾けるために「i」を送ります（69 行目）。その後，送信から受信まで 1 秒ほど待つ（71 行目）と動作が安定します[*8]。72 行目で Arduino から送られた報酬を受信します。そして，74 行目でカメラ画像を得ています。最後に，これらの情報をまとめて ts.transition 関数で戻り値を作成しています。

(d) 上記の 3 つ以外の変更

大きな変更部分は上記に 3 つ書きましたが，それ以外にいくつか変更をしています。

通信の設定 シリアル通信のために以下の設定をしています。

- 16 行目：シリアル通信用ライブラリの読み込み
- 20 行目：シリアル通信の初期化処理
- 206 行目：シリアル通信の終了処理

[*6] 10.6 節を参考にしてください。

[*7] ノード数 1600 が妥当かどうかはたくさんの深層学習のスクリプトを作ることで感覚的に身に付きます。今のところ人間に頼る部分が多いところですが，今後は適切なノード数を自動的に生成することもできることを期待しています。

[*8] 必ずしも必要ではありません。

カメラの設定　カメラを使うために以下の設定をしています。

- 17 行目：OpenCV ライブラリの読み込み
- 21 行目：カメラの初期化処理
- 207 行目：カメラの終了処理

カメラ画像の取得　74 行目でカメラ画像を取得し，それを状態として用いています。

状態の初期化　深層強化学習は決まった数の行動をすると，状態を初期状態に戻してから再度学習をはじめます。そこで，初期化のために reset 関数の中で「c」を Arduino に送信しています（60 行目）。

(2) 電子回路

図 12.1 を実現するための電子回路の配線図を図 12.5 に示します。LED はデジタル 10 番ピンにつなぎます。サーボモータの信号線はデジタル 9 番ピンにつなぎます。また，本節の学習には時間がかかりますので電池ではなく AC アダプタを使うことをお勧めします。

(3) スケッチ（Arduino）

Arduino はパソコンから送られたデータによってサーボモータを回したり，LED を点灯させたりします。そして，報酬を返信します。これを実現する Arduino スケッチをリスト 12.2 に示します。

▶リスト 12.2◀　井戸問題（Arduino 用）：ido_move.ino

```
 1  #include <Servo.h>
 2
 3  Servo mServo;
 4
 5  int state[2];
 6
 7  void setup() {
 8    mServo.attach(9); // サーボモータの設定
 9    mServo.write(10); // サーボモータの初期角度へ回転
10    delay(500); // サーボモータが回転するまで待つ
11    Serial.begin(9600); // シリアル通信の設定
12    pinMode(10, OUTPUT);
13    state[0] = 0; // [桶：下]に変更
14    state[1] = 1; // [水：有]に変更
15    digitalWrite(10, LOW); // LED 消灯
16  }
17
18  void loop() {
19    if (Serial.available() > 0) { // 受信データがあれば
20      char c = Serial.read(); // 1 文字受信
21      if (c == 'p') { // 引く行動ならば
22        if (state[0] == 0) { // [桶：下]なら
23          Serial.print("0"); // 報酬（0）を返信
```

```
24        mServo.write(90); // サーボモータを 90 度に
25        delay(500); // サーボモータが回転するまで待つ
26        state[0] = 1; // [桶:上] に変更
27      }
28      else { // [桶:上] なら
29        Serial.print("0"); // 報酬（0）を返信
30        mServo.write(10); // サーボモータを 10 度に
31        delay(500); // サーボモータが回転するまで待つ
32        state[0] = 0; // [桶:下] に変更
33        state[1] = 1; // [水:有] に変更
34        digitalWrite(10, LOW); // LED 消灯
35      }
36    }
37    else if (c == 'i') { // 傾ける行動ならば
38      if (state[0] == 1 && state[1] == 1) { // [桶:上]，[水:有] ならば
39        Serial.print("1"); // 報酬（1）を返信
40        digitalWrite(10, HIGH); // LED 点灯
41        delay(500); // 撮影時間の確保（なくても OK）
42        state[1] = 0; // [水:無] に変更
43      }
44      else { // それ以外の状態なら
45        Serial.print("0"); // 報酬（0）を返信
46      }
47    }
48    else if (c == 'c') { // 初期化の合図なら
49      state[0] = 0; // [桶:下] に変更
50      state[1] = 1; // [水:有] に変更
51      digitalWrite(10, LOW); // LED 消灯
52      mServo.write(10); // サーボモータの初期角度へ回転
53      delay(500); // サーボモータが回転するまで待つ
54    }
55  }
56 }
```

5 行目では状態を保存する配列を設定しています[9]。state[0] は桶の位置を表し，0 の場合は下，1 の場合は上にあるものとします。state[1] は桶に水があるかどうかを表し，0 の場合は水が入っていない，1 の場合は入っているとします。これは 3 章と同じです。

setup 関数でサーボモータの設定（デジタル 9 番ピン），LED の点灯／消灯の設定（デジタル 10 番ピン）をします。そして，初期状態は，桶の位置が下（state[0]=0）で水が入っている（state[1]=1）としています。そして，この状態となるようにサーボモータの角度を 10 度に設定し（9 行目），LED を消灯させています（15 行目）。

loop 関数の説明をします。受信した文字があるか調べて（19 行目），あれば 1 文字読み込みます（20 行目）。

[9] 2 つの変数を使用しないのはリスト 3.1 の設定に似せるためなので，たとえば oke 変数と mizu 変数のように 2 つの変数を使っても構いません。

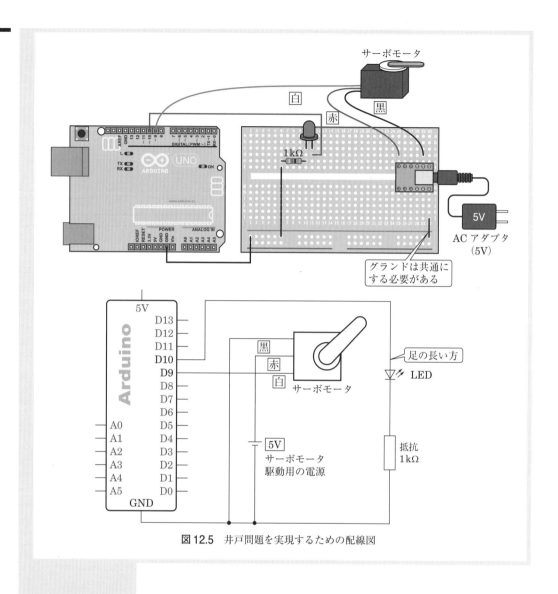

図 12.5 井戸問題を実現するための配線図

(a)「p」を受信した場合（21〜36 行目）

　これは桶の上下操作をするコマンドです。サーボモータを回転させて図 12.2 のようにサーボホーン（サーボモータの回転部に付いている棒）の角度を変えることで、桶が下にあるのか上にあるのかを示します。

　桶の位置が上にあるかどうかは state[0] 変数を調べることで判定します。桶が下にある場合は（22 行目の if 文），サーボモータを 90 度に回転させ（24 行目），桶が上にあることを表すために state[0] を 1 にしています（26 行目）。なお、サーボモータを回す指令を与えてもすぐには回転が終了しないため、500 ミリ秒（0.5 秒）待っています（25 行目）。このようにサーボモータの回転を待つ処理はすべてに入れてあります。桶の上下操作では報酬は得られませんので「0」を送信します（23 行目）。

逆に，桶が上にある場合は（28 行目の else 文），サーボモータを 10 度に回転させ（30 行目），桶が下にあることを表すために state[0] を 0 にしています（32 行目）。さらに，桶に水が入るため state[1] を 1 にしています（33 行目）。そして，LED を消灯させます（34 行目）。この場合も，桶の上下操作では報酬は得られませんので「0」を送信します（29 行目）。

(b)「i」を受信した場合（37〜47 行目）

これは桶を傾ける操作をするコマンドです。まずは桶が上にあり，かつ桶に水がある場合を考えます（38 行目の if 文）。

この場合は報酬が得られるので「1」を送信します（39 行目）。そして，水が桶からなくなるので state[1] を 0 とし（42 行目），LED を点灯させます（40 行目）。

桶が上にあるけれども水が入っていない場合は報酬が得られません。この場合（44 行目の else 文），「0」を送信します（45 行目）。

(c)「c」を受信した場合（48〜54 行目）

これは初期状態に戻すコマンドです。state 配列を変更し，桶の位置を下にして（49 行目），水が入っている状態にします（50 行目）。この状態となるようにサーボモータを回転させ（52 行目），LED を消灯させています（51 行目）。

(4) 学習

それでは学習させます。学習には約 1 時間かかりました。時間のかかる原因は主にサーボモータの回転の待ち時間です。

カメラと LED，サーボモータの関係はおおむね図 12.6 のようにしてください。

図 12.6　井戸問題のカメラとサーボモータの配置

サーボモータと LED の位置調整をするために 10 章で実行した camera_test.py を実行してください。

実行すると図 12.7 のようなカメラ画像が表示されます。サーボモータと LED が四角い枠内に入るように調整してください。学習中にカメラやサーボモータ，LED がずれないようにテープなどで机に固定することをお勧めします。この図は説明のために背景が写らないように紙にパンチで穴を開けてその穴から LED を出しています。

なお，図 12.8 のように背景がごちゃごちゃでも学習できます。

連携させて実行した結果を次ページに示します。このプログラムでは 1 エピソードで 15 回の行動をすることとしています。井戸問題は最短 3 回の行動で報酬を得ることができますので，1 エピソードで報酬が 5 となった場合が最も良い結果となります。そして，50 エピソードまで行うようにしています。

なお，実行するとまずは 50 回の動作サンプルを獲得するために，次ページの表示が出る前に，サーボモータが動いたり LED が光ったりします。

図 12.7　井戸配置カメラ画像（背景すっきり）

図 12.8　井戸配置カメラ画像（背景ごちゃごちゃ）

1回目は学習前ですので，ランダムな行動をしています。そのため報酬が2となっています。

　50エピソード後には報酬が5となっています。学習が完璧に進んだこととなります。

＊「← 紐を引く」などの部分は筆者が説明のために追加したコメントですので，実際には表示されません。

```
> python ido_exp.py
0, 0, 0  ← 紐を引く（桶が上がる）
1, 1, 1  ← 桶を傾ける【報酬が得られる：1】
2, 1, 0  ← 桶を傾ける（何も起きない）
3, 0, 0  ← 紐を引く（桶が下がる）
4, 0, 0  ← 紐を引く（桶が上がる）
5, 0, 0  ← 紐を引く（桶が下がる）
6, 1, 0  ← 桶を傾ける（何も起きない）
7, 0, 0  ← 紐を引く（桶が上がる）
8, 0, 0  ← 紐を引く（桶が下がる）
9, 0, 0  ← 紐を引く（桶が上がる）
10, 0, 0  ← 紐を引く（桶が下がる）
11, 0, 0  ← 紐を引く（桶が上がる）
12, 1, 1  ← 桶を傾ける【報酬が得られる：2】
13, 1, 0  ← 桶を傾ける（何も起きない）
14, 1, 0  ← 桶を傾ける（何も起きない）
Episode:1, Rewards:2, Average Loss: 1.962600588798523,
    Current Epsilon: 1.0000
(中略)
0, 0, 0  ← 紐を引く（桶が上がる）
1, 1, 1  ← 桶を傾ける【報酬が得られる：1】
2, 0, 0  ← 紐を引く（桶が下がる）
3, 0, 0  ← 紐を引く（桶が上がる）
4, 1, 1  ← 桶を傾ける【報酬が得られる：2】
5, 0, 0  ← 紐を引く（桶が下がる）
6, 0, 0  ← 紐を引く（桶が上がる）
7, 1, 1  ← 桶を傾ける【報酬が得られる：3】
8, 0, 0  ← 紐を引く（桶が下がる）
9, 0, 0  ← 紐を引く（桶が上がる）
10, 1, 1  ← 桶を傾ける【報酬が得られる：4】
11, 0, 0  ← 紐を引く（桶が下がる）
12, 0, 0  ← 紐を引く（桶が上がる）
13, 1, 1  ← 桶を傾ける【報酬が得られる：5】
14, 0, 0  ← 紐を引く（桶が下がる）
Episode:50, Rewards:5, Average Loss:
    0.0197929348796606066, Current Epsilon: 0.0000
```

(5) 学習済みポリシーを使ったテスト

　(4) で学習した学習済みポリシー（深層学習の学習済みモデルに相当するもの）を用いて，テストすることができます。今回は画像を用いましたので，カメラとサーボモータ，LEDの配置が変わったり，照明の状態が変わったりなど，学習したときと異なる画像が入ると，うまく動作できなくなります。学習時と同じ環境でテストを行うようにしてください。

```
1   （前略）
2   def capture(ndim=3):　 #カメラ画像を取得して状態を作成するための関数
3   （リスト 12.1 と同じ）
4   # 環境の設定
5   class EnvironmentSimulator(py_environment.PyEnvironment):
6   （リスト 12.1 と同じ）
7
8   # メイン関数
9   def main():
10      # 環境の設定
11      env = tf_py_environment.TFPyEnvironment(EnvironmentSimulator())
12
13      policy = tf.compat.v2.saved_model.load(os.path.join
            ('..','ido_exp','policy'))　 #学習済みポリシーの読み込み
14      #Arduino の再起動待ち
15      time.sleep(5.0)
16      # エピソード数を 1 回に
17      for episode in range(1):
18          episode_rewards = 0　#1エピソード中の報酬の合計値の初期化
19          time_step = env.reset()　#エージェントの初期化
20          #15 回の繰り返し
21          for t in range(15):
22              policy_step = policy.action(time_step)　#今の状態から次の行動の取得
23              next_time_step = env.step(policy_step.action)
                    #次の行動から次の状態の取得
24              # 実行状態の表示（学習には関係しない）
25              A = policy_step.action.numpy().tolist()[0]　 #行動
26              R = next_time_step.reward.numpy().astype('int').tolist()[0]
                    #報酬
27              print(f'{t}, {A}, {R}')
28              # 報酬の計算
29              episode_rewards += R
30              # 次の状態を現在の状態にする
31              time_step = next_time_step
32          # 行動終了後の情報の表示
33          print(f'Episode: {episode+1}, Rewards: {episode_rewards}')
34
35  if __name__ == '__main__':
36      main()
37
38  ser.close()
39  cap.release()
```

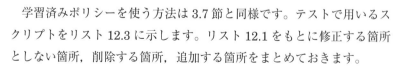

　　学習済みポリシーを使う方法は 3.7 節と同様です。テストで用いるスクリプトをリスト 12.3 に示します。リスト 12.1 をもとに修正する箇所としない箇所，削除する箇所，追加する箇所をまとめておきます。

修正する箇所

- エピソードの回数を 1

修正しない箇所

- EnvironmentSimulator クラス

第 12 章　深層強化学習で手順を学ぶ

- 次の行動の選択（policy.action）
- 選択した行動の動作（env.step）

削除する箇所

- エージェントの設定
- 学習のための関数（agent.train 関数）

追加する箇所

- 学習済みポリシーの読み込み

この変更を行って実行した結果を以下に示します。報酬 5 が得られていることがわかります。

```
>python ido_exp_test.py
0, 0, 0 ← 紐を引く（桶が上がる）
1, 1, 1 ← 桶を傾ける【報酬が得られる：1】
2, 0, 0 ← 紐を引く（桶が下がる）
3, 0, 0 ← 紐を引く（桶が上がる）
4, 1, 1 ← 桶を傾ける【報酬が得られる：2】
5, 0, 0 ← 紐を引く（桶が下がる）
6, 0, 0 ← 紐を引く（桶が上がる）
7, 1, 1 ← 桶を傾ける【報酬が得られる：3】
8, 0, 0 ← 紐を引く（桶が下がる）
9, 0, 0 ← 紐を引く（桶が上がる）
10, 1, 1 ← 桶を傾ける【報酬が得られる：4】
11, 0, 0 ← 紐を引く（桶が下がる）
12, 0, 0 ← 紐を引く（桶が上がる）
13, 1, 1 ← 桶を傾ける【報酬が得られる：5】
14, 0, 0 ← 紐を引く（桶が下がる）
Episode: 1, Rewards: 5
```

深層強化学習でボールアンドビーム

深層強化学習でボールアンドビームを制御します。ボールアンドビームとは図 13.1 に示すような，レールの上にピンポン玉を乗せ，そのレールをうまく傾けて球を中央に停止させておく制御工学でよく使われる問題です。

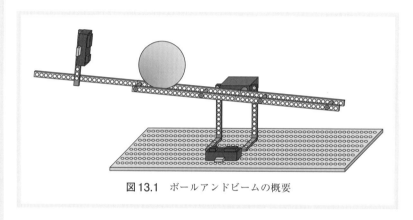

図 13.1　ボールアンドビームの概要

本章では以下の手順で説明を行います。
① 準備　ボールアンドビームの実験機の作り方を説明する（13.1 節）
② 操作　手作業でピンポン玉を中央に静止させる（13.2 節）
③ 制御　Arduino だけで制御する方法を説明する（13.3 節）
④ 連携（深層強化学習＋電子工作）　深層強化学習で制御する（13.4 節）
13.5 節で，これらの実験をシミュレーションする方法を示します。

13.1　【準備】ボールアンドビーム実験機の作成

使用する電子部品
測距モジュール （GP2Y0A21YK）　2 個 ボリューム　　　　1 個 サーボモータ （FEETECH FS5115M） 　　　　　　　　　1 個 AC アダプタ（5 V）1 個 ブレッドボード用 DC ジャック DIP 化キット 　　　　　　　　　1 個

＊　本章で行う工作ではトルクの強いサーボモータが必要となります。

　ボールアンドビームとは図 13.1 に示すように，レールの上にピンポン玉を乗せて，そのレールをモータなどで傾けてピンポン玉を中央付近に止めるという問題です。これにはピンポン玉の位置を計測するための距離センサが必要となります。制御工学の考え方を使うと，この距離センサの情報からレールの角度を算出してピンポン玉をぴたりと止めることができます。13.3 節では，制御でピンポン玉を止めることを行います。そして 13.4 節では，いよいよ深層強化学習でピンポン玉を止めます。

13.1.1 実験機の作成

それでは実際に作成します。筆者が作成したボールアンドビーム実験機の写真を図 13.2 に示します。この実験機の作成手順を説明します。

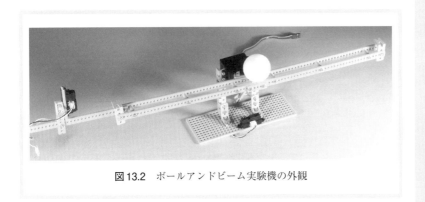

図 13.2 ボールアンドビーム実験機の外観

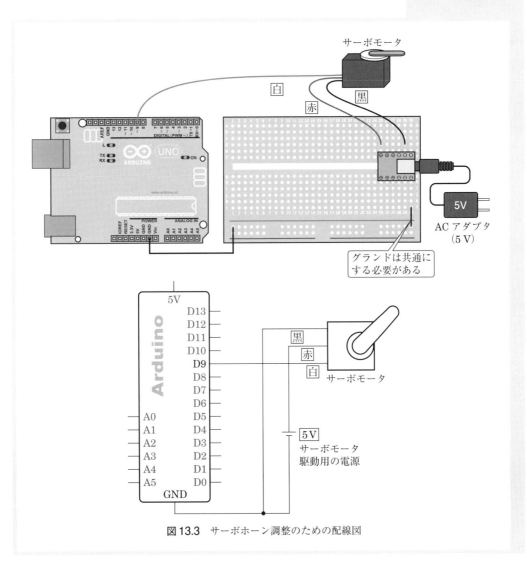

図 13.3 サーボホーン調整のための配線図

なお，作成にあたり次に示すタミヤの「楽しい工作シリーズ（パーツ）」を 1 つずつ使いました。

- ロングユニバーサルアームセット（Item No：70184）
- ユニバーサルアームセット（Item No：70183）
- ユニバーサルプレート（2 枚セット）（Item No：70157）

（1）サーボホーンの取り付け

ボールアンドビームではサーボホーンの取り付け角度がほぼ中央に来るように取り付けます。その取り付ける方法を説明します。

まず，サーボホーンを付けずに図 13.3 に示す回路を作ります。

その後，リスト 13.1 を実行します。実行するとサーボモータが回転して，中央付近で停止します。なお，本章では角度を細かく設定するために mServo.writeMicroseconds 関数を使います。

▶リスト 13.1◀　サーボモータの調整（Arduino 用）：Servo_init.ino

```
 1  #include <Servo.h>
 2
 3  Servo mServo;
 4
 5  int center_angle = 1575;  // この値を変えてちょうどよい角度を探す
 6
 7  void setup() {
 8    mServo.attach(9);
 9    mServo.writeMicroseconds(center_angle);
10  }
11
12  void loop() {
13  }
```

次に，両側に伸びているサーボホーン（片側や十字ではないことに注意）を図 13.4 に示すように取り付けます。そして，サーボモータの中央のネジを付けてサーボモータとサーボホーンを固定してください。

ネジ留め

図 13.4　サーボホーンの取り付け

（2）レールの作成

ユニバーサルアームを図 13.5 のように 5 本切っておきます。切り方はユニバーサルアームセットに付属の説明書をご覧ください。なお，穴

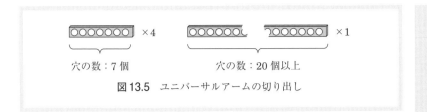

穴の数：7 個   穴の数：20 個以上

図 13.5 ユニバーサルアームの切り出し

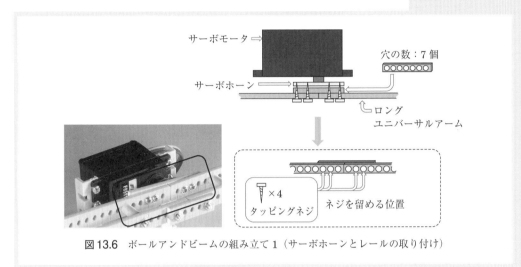

図 13.6 ボールアンドビームの組み立て 1（サーボホーンとレールの取り付け）

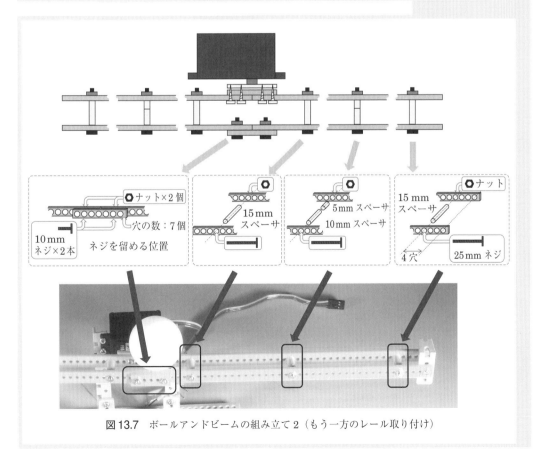

図 13.7 ボールアンドビームの組み立て 2（もう一方のレール取り付け）

の数が多少間違っても組み立てることはできます。

　切ったユニバーサルアームとロングユニバーサルアームを図 13.6 のように重ねて，サーボモータに付属のネジ（先がとがっているタッピングネジ）で 4 か所留めます。

　同様に，図 13.7 に示すように，レールの対になる部分を作ります。ロングユニバーサルアームセットの長い棒を 2 本用意し，ユニバーサルアームセットに付いているスペーサを挟んで，長いネジ（25 mm）を使って 6 か所つなげます。スペーサは 15 mm が 4 つしかないので，10 mm と 5 mm を重ねて使います。さらに，最初に切った 7 穴の短い棒で補強します。

　そして，図 13.8 のように，レールの両端にピンポン玉が出ていかないようにユニバーサルアームセットに付いている L 字の部品を短いネジ（10 mm）で固定します。

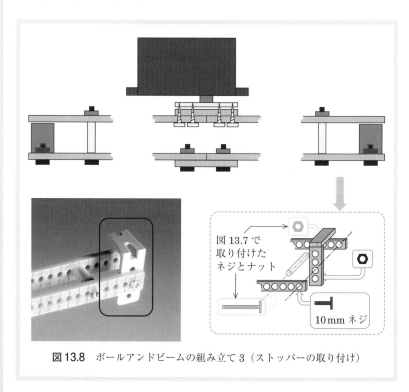

図 13.7 で
取り付けた
ネジとナット

10 mm ネジ

図 13.8　ボールアンドビームの組み立て 3（ストッパーの取り付け）

（3）距離センサの取り付け

　ピンポン玉の位置を測るためのセンサは図 13.9 のように 20 穴以上ある棒に取り付けた，最初に切った 7 穴 2 本の短い棒につなげます。そして，強い両面テープでセンサを固定します。センサの位置の微調整が必要なので，ネジによる固定は行いません。

　センサの中心がピンポン玉の中心とほぼ一致する位置に取り付けてください。また，20 穴以上ある棒と 7 穴 2 本の棒で組み立てたセンサの

取り付け位置は図 13.13 を参考にしてください。

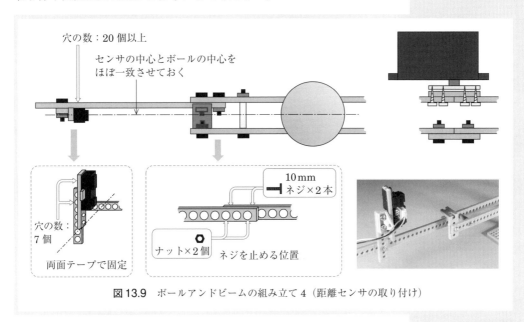

図 13.9 ボールアンドビームの組み立て 4（距離センサの取り付け）

（4）サーボモータの取り付け部の作成

　サーボモータを取り付ける台座を作ります。図 13.10 に示すようなユニバーサルプレートに付いているアングル材とユニバーサルアームセットに付いてる L 字の部品を使って作ります。

　間隔を 11 穴としてユニバーサルプレートに取り付けます。ネジ頭が裏になるように取り付ける方が後でプレートを固定しやすくなります。

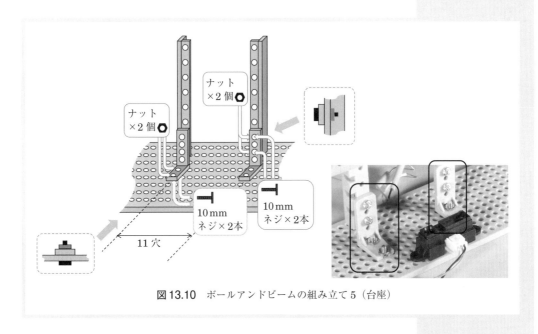

図 13.10 ボールアンドビームの組み立て 5（台座）

(5) 台座とサーボモータの連結

図 13.11 に示すように 4 本の短いネジで取り付けます。電源が入っていない場合はサーボモータを手で回すことができますので，ネジが取り付けやすい位置にレールを回転させてください。

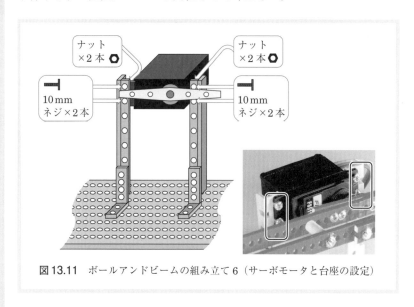

図 13.11　ボールアンドビームの組み立て 6（サーボモータと台座の設定）

(6) 報酬用センサの取り付け

深層強化学習の報酬を与えるためのセンサを取り付けます。取り付け位置は図 13.12 のように上から見て，サーボモータの近くでかつ，「レールの間」になるように取り付けてください。

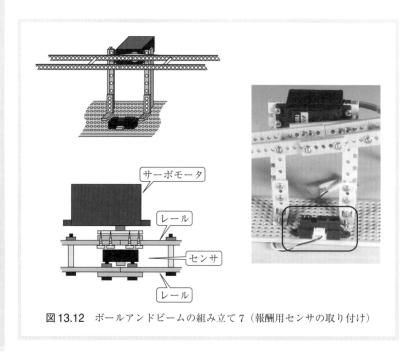

図 13.12　ボールアンドビームの組み立て 7（報酬用センサの取り付け）

（7）カバーの取り付け

　最後に図 13.13 に示すようにカバーを取り付けます。カバーがないと学習中にピンポン玉がレールから落ちてしまうことがあります。

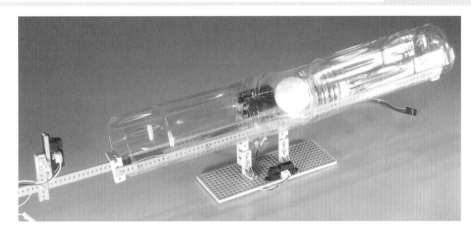

図 13.13　ボールアンドビームの組み立て 8（カバーの取り付け）

　カバーは図 13.14 に示すように 3 本の 500 ml のペットボトルを切り取ったもので作りました。そして，筆者はレールへの取り付けには強い両面テープを用いました。

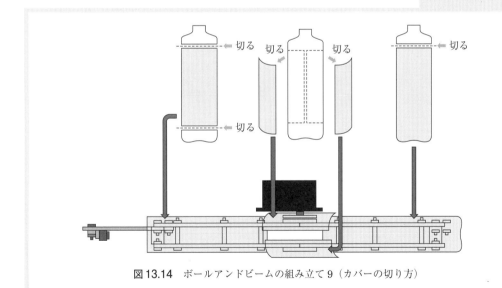

図 13.14　ボールアンドビームの組み立て 9（カバーの切り方）

13.1.2　電子回路

　ボールアンドビームで使用する電子回路を図 13.15 に示します。サーボモータ 1 つと，距離センサ 2 つ，サーボモータの確認用ボリュームが付いています。

　この回路ではサーボモータの信号線はデジタル 9 番ピンに，距離セン
サはアナログ 0 番ピン（A0），報酬用センサはアナログ 1 番ピン（A1），
サーボモータを微調整するためのボリュームの中央のピンはアナログ 2
番ピン（A2）に接続します。

　距離センサのピン配置を図 13.16 に示します。距離センサに付属して
くるコネクタの付いたケーブルの色が電子工作に慣れている人ほど思い
込みによって VCC と GND を間違えやすいので，仕様書をよく確認し
ながら配線してください。

*1　時間がかかる原因は
主にサーボモータの回転待
ち時間です。

　ボールアンドビームは実験に 2 時間以上かかる場合があります*1。そ
のため，サーボモータ用の電源には AC アダプタを使い，そのジャックを
ブレッドボードに差せるように変換する基盤を使って取り付けています。

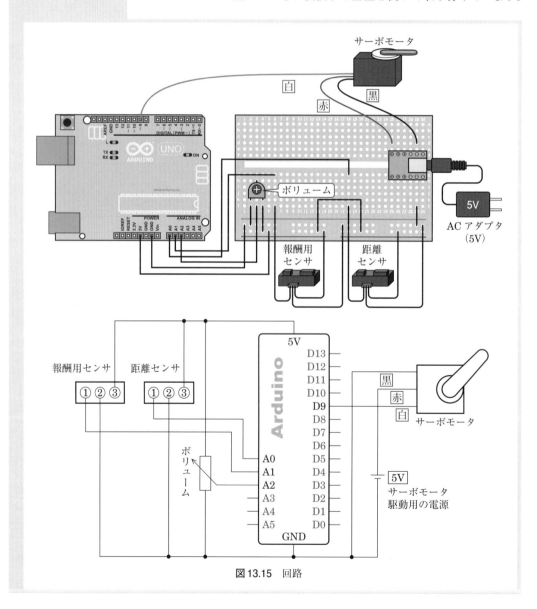

図 13.15　回路

図 13.16　距離センサのピン配置

13.1.3　動作テスト用 Arduino スケッチ

3つのスケッチで回路の動作を確認します。

（1）センサの動作テスト

2つのセンサと1つのボリュームの動作テストを行うためのスケッチをリスト13.2に示します。スケッチの実行結果を見ながら，ピンポン玉を置いてセンサの位置を修正します。

アナログ0〜2番ピンの値を読み取り，それを表示することを100ミリ秒おきに繰り返します。

値が読み取りにくい場合は10行目のdelay関数の引数を500へ変えて500ミリ秒おきに変更してください。

▶リスト 13.2 ◀　センサの読み込み（Arduino 用）：Sensor_check.ino

```
 1  void setup() {
 2    Serial.begin(9600);
 3  }
 4
 5  void loop() {
 6    float val0 = 4000.0/(analogRead(0)+1); // 距離センサの値
 7    int val1 = analogRead(1); // 報酬用センサの値
 8    int val2 = analogRead(2); // 確認用ボリュームの値
 9    Serial.println(String(val0)+"¥t"+String(val1)+"¥t"+String(val2));
10    delay(100);
11  }
```

リスト13.2を実行して，シリアルモニタを開くとすると次ページのように表示されます。1列目がピンポン玉までの距離を測るセンサの出力を5章で示した式 (5.1)[*2] で距離に直した結果，2列目が報酬を決めるためのセンサの出力結果，3列目がサーボモータの角度を調整するためのボリュームの値を示しています。

ピンポン玉を置いたり，ボリュームを回したりするとシリアルモニタ

*2
$$l = \frac{40000}{\frac{1024}{5}v+1} \ (\mathrm{mm})$$
l：距離，v：電圧

に表示される値が変わることを確認してください。今回の例は，レールを傾けてセンサの近くからピンポン玉を転がしたときのセンサの読みです。距離センサの値が大きくなり，途中で報酬用センサの上を通るので，2列目の値が700を超えていることが確認できます。

```
9.46 524 125
10.58 726 124
11.90 222 123
14.23 492 124
16.60 504 125
18.69 503 123
（以下略）
```

（2）ピンポン玉までの距離を測るセンサの調整

ピンポン玉までの距離を測るセンサの調整を行います。図13.17（a）

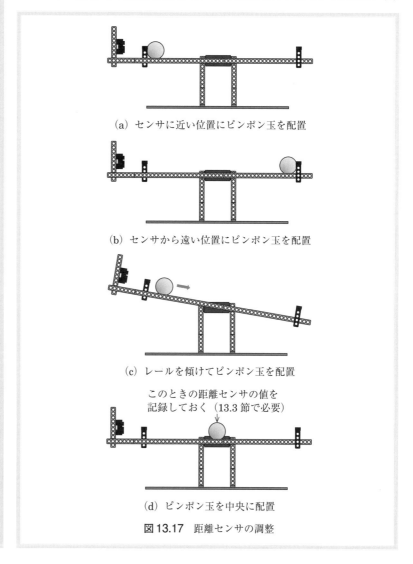

（a）センサに近い位置にピンポン玉を配置

（b）センサから遠い位置にピンポン玉を配置

（c）レールを傾けてピンポン玉を配置

このときの距離センサの値を
記録しておく（13.3節で必要）

（d）ピンポン玉を中央に配置

図13.17 距離センサの調整

のようにピンポン玉をセンサに近づけます。その値を記録しておきます。
そして，図 13.17 (b) のようにセンサから遠ざけます。距離の値が，
図 13.17 (a) のときよりも大きくなっていることを確認します[*3]。値に
変化がなかったり，小さくなってしまったりする場合はセンサの位置を
調整します。調整はたいていの場合，上下方向だけでよいです。最後に，
図 13.17 (c) のようにレールを傾けて，ピンポン玉をセンサの近い側に
そっと置いて，転がして，距離の値が大きくなることを確認します。ノ
イズや計測誤差により，必ずしも値が大きくない場合がありますが，お
おむね大きくなれば問題ありません。

　なお，図 13.17 (d) のようにピンポン玉を中央付近に置いたときの
センサの値を記録しておいてください。13.3 節で使います。

（3）報酬のためのセンサの調整

　報酬用センサの調整を行います。図 13.12 のように上から見てセンサ
がレールの間に配置されていることを確認します。その後，図 13.18(a)
のようにピンポン玉を置かない場合と，図 13.18 (b) のようにピンポ
ン玉を置いた場合で，センサの値に違いが生じることを確認します。こ
の確認はリスト 13.2 を実行することで行います。この値の差が 50 以上
あるようにしてください。

　なお，この値を 13.4 節の報酬の設定に使いますのでそれぞれの値を
記録しておいてください。

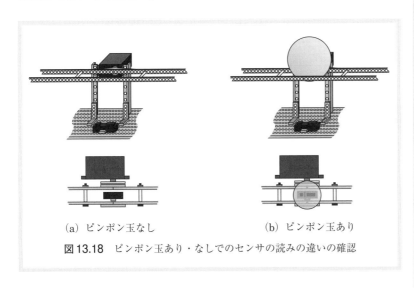

(a) ピンポン玉なし　　　　　(b) ピンポン玉あり

図 13.18　ピンポン玉あり・なしでのセンサの読みの違いの確認

（4）サーボモータの動作テスト

> ┌── 注意 1 ──────────────────────────
> Arduino スケッチを書き込むときにはサーボモータ用の AC アダプ
> タを抜いてください。サーボモータが大きく動くことがあります。

> ┌── 注意 2 ──────────────────────────
> リスト 13.3 に示すスケッチをはじめて実行するときには，スケッ
> チのミスなどでレールがかなりの速さで大きく回転することがあり
> ます。ユニバーサルアームが折れるくらいに回転することがありま
> す。けがのないように，下図に示すように実験機を固定せずに，
> レールが回転してもどこにも当たらないように実験機を机に対して
> 水平に置いて，実験機から離れて実行してください。
>
>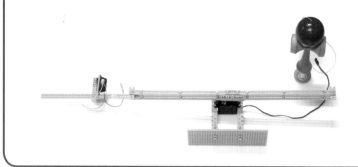

　サーボモータの動作テストを行うためのスケッチをリスト 13.3 に示
します。この実行結果を見ながら，この後で使うスケッチのサーボモー
タの角度を調整します。角度を細かく設定するために mServo.write
Microseconds 関数を使います[*4]。

＊4　Microseconds 関数
の引き数は角度ではないこ
とに注意してください。

　14 行目でアナログ 2 番ピンの値を読み取ります。得られる値は 0〜
1023 なので，512 を引いて −512〜511 までの値にして，それを 5 で
割ることで −102〜102 までの値にしています。この値を使ってサーボ
モータの角度を変更するのですが，値が大きすぎるとサーボモータが大
きな回転をしてしまいます。そこで 15，16 行目では，6 行目で設定し
ている max_angle という値と比較して，-max_angle〜max_angle ま
での値（このスケッチでは −120〜120 までの値）になるようにしてい
ます。この制限はこの後で役に立ちます。

　本節で使用するサーボモータの角度が中央付近になるのはリスト 13.1
で設定した通りに 1575 付近です。そこで，5 行目で center_angle に
1575 を設定しています。しかしながら実験機を作って実際に動かすと
水平にならず少し傾いていることがあります。そこでそれを調整するた
めにアナログピンで読み取ったボリュームの値とサーボモータの中央値
を使ってサーボモータの角度を設定しています。そして，その値をシリ

アルモニタに表示します。これを100ミリ秒おきに繰り返します。

初回実行時は注意2にあるように寝かせておきます。レールがほぼ真横になっているようでしたら，図13.1のように実験できるように土台となるプレートを下にして置きます。そのプレートを養生テープなどで固定します。その後，ボリュームをひねり，レールが水平近くになるようにします。そのときの値を記録します。

この後のスケッチでは，レールが水平近くになったときにシリアルモニタに表示された値を center_angle に設定します。

▶リスト 13.3 ◀　サーボモータの調整（Arduino 用）：Servo_check.ino

```
 1   #include <Servo.h>
 2
 3   Servo mServo;
 4
 5   int center_angle = 1575; // リスト13.1で決めたとりあえずの値
 6   int max_angle = 120;
 7
 8   void setup() {
 9     Serial.begin(9600);
10     mServo.attach(9);
11     mServo.writeMicroseconds(center_angle);
12   }
13   void loop() {
14     int val = (analogRead(2)-512)/5; // 調整用ボリュームの値
15     if (val < -max_angle)val = -max_angle;
16     if (val > max_angle)val = max_angle;
17
18     mServo.writeMicroseconds(val + center_angle); // 中心角度+ボリュームの値
19     Serial.println(val + center_angle); // 現在の値の表示
20     delay(100);
21   }
```

シリアルモニタの値はノイズなどの影響により一定にはならず，以下のようになります。この場合はリスト13.3の5行目の center_angle の値を 1575 と決めていただいて OK です。

```
（前略）
1595
1570
1596
（後略）
```

13.2　【操作】手作業による位置決め

13.1 節のサーボモータの動作テスト（リスト 13.3）を少しだけ変更したスケッチを用いて手作業でピンポン玉を中央付近に停止させてみましょう。そのスケッチをリスト 13.4 に示します。変更点はシリアル通信をやめた点と，delay 関数による時間待ちを削除した点です。なお，本節を行わなくても，13.3 節の制御や 13.4 節の深層強化学習に進んでいただくこともできます。

レールにピンポン玉を置いて，ボリュームを回してサーボモータの傾きを変えると，ピンポン玉が転がっていきます。ピンポン玉が端のストッパーで停止しているところから転がすためにはけっこう傾けないといけないことがわかります。これは静止摩擦力によるものです。

いったん転がり始めると，反対側のストッパーまで一気に転がってしまいます。

何度も練習すれば真ん中付近にピンポン玉を停止させることができると思います。

問題の難しさを体験するとともに，コツを知っておいてください。そのコツに従って 13.3 節の制御パラメータや，13.4 節の深層強化学習の動作角度を設定してください[5]。

*5　実験機のネジの締め方など微妙な違いの影響で，本書に示すパラメータではうまく動作しないことがあるためです。

▶リスト 13.4◀　サーボモータによる手動コントロール（Arduino 用）：Manual_control.ino

```
1  #include <Servo.h>
2
3  Servo mServo;
4
5  int center_angle = 1575; // リスト13.1で決めた値
6  int max_angle = 60;
7
8  void setup() {
9    mServo.attach(9);
10   mServo.writeMicroseconds(center_angle);
11 }
12 void loop() {
13   int val;
14   val = (analogRead(2)-512)/5; // 調整用ボリュームの値
15   if (val < -max_angle)val = -max_angle;
16   if (val > max_angle)val = max_angle;
17
18   mServo.writeMicroseconds(val + center_angle); // 中心角度+ボリュームの値
19 }
```

13.3 【制御】Arduino による位置決め

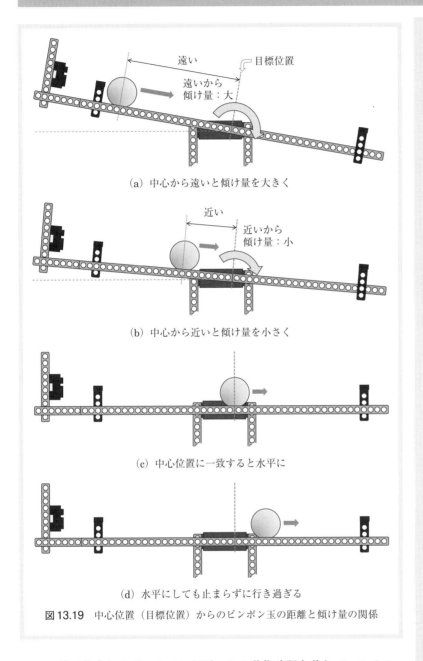

（a）中心から遠いと傾け量を大きく

（b）中心から近いと傾け量を小さく

（c）中心位置に一致すると水平に

（d）水平にしても止まらずに行き過ぎる

図 13.19 中心位置（目標位置）からのピンポン玉の距離と傾け量の関係

13.1 節で作成したボールアンドビームの動作確認も兼ねて，Arduino だけで制御してみましょう。なお，本節を行わなくても，13.4 節の深層強化学習に進んでいただくこともできます。

まず，13.1.3 項（1）に示した方法を用いて距離センサの値をシリアルモニタに表示し，ピンポン玉を中央付近に置きます。そのときの距離センサの値を書き留めます。この値が制御するときの目標位置となります。

*6　レールがプラスチック製のためやレールの連結部のネジの留め方などのため，レールが多少曲がることにより生じます。

次に，13.1.3 項（4）に示した方法を用いてレールが水平になる値を求めて，それを書き留めておきます。水平になる角度は毎回ちょっとずつ変わることがあります*6。

制御の原理を簡単に説明します。詳しい説明は制御工学の本を読んでください。

まず，図 13.19（a）のような位置にピンポン玉がある場合，レールを時計方向に回転させます。そして，目標位置から離れた分だけたくさん回転させることにします。ピンポン玉が目標位置に近づくにつれてレールの角度を緩やかに（図 13.19（b）），真ん中になったらちょうどレールをまっすぐに（図 13.19（c））します。このとき摩擦があれば，止まりますが，ピンポン玉なので図 13.19（d）のようにコロコロ転がってしまいます。この動作を繰り返しますのでなかなかうまく止まりません。この制御方式のことを P 制御（比例制御）といいます。

そこで，ピンポン玉の速さによって角度調整する方法を説明します。たとえば，図 13.20（a）のように，ピンポン玉が右へ速い速度で向かっている場合は回転させる角度を大きく減らし，図 13.20（b）のようにゆっくりだったらあまり減らさないようにします。これにより，ブレーキをかけることができます。この制御方式のことを D 制御（微分制御）といいます。

そのほかには I 制御（積分制御）もありますが本書では扱いません。

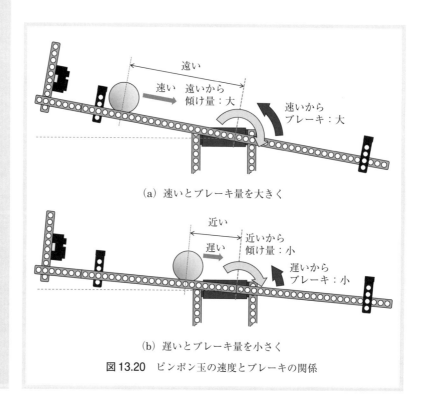

（a）速いとブレーキ量を大きく

（b）遅いとブレーキ量を小さく

図 13.20　ピンポン玉の速度とブレーキの関係

```
1   #include <Servo.h>
2
3   Servo mServo;
4
5   int angle = 0;
6   int center_angle = 1575; // リスト13.1で決めた水平になる角度
7   int center_psd = 12; // 中心位置となる距離（目標距離）
8   int max_angle = 60;
9
10  int p = center_psd;
11  float pp; //1ステップ前の位置
12
13  void setup() {
14    mServo.attach(9);
15    Serial.begin(9600);
16    mServo.writeMicroseconds(center_angle);
17  }
18  int ps = 0;
19  void loop() {
20    int v  = analogRead(0);
21    float s = 4000.0 / (v + 1); // センサからボールまでの距離
22    float p = (s - center_psd); // 目標距離とボールまでの距離の差
23    float d = -(p - pp); //1ステップ前の位置との差分（速度に相当）
24    float angle = p * 5 + d * 20; // 制御量の計算
25    if (angle < -max_angle)angle = -max_angle;
26    if (angle > max_angle)angle = max_angle;
27    mServo.writeMicroseconds(center_angle + (int)angle); // 角度の更新
28    Serial.println(String(p) + "¥t" + String(pp) + "¥t" + String(d) +
          "¥t" + String(angle) + "¥t" + String(s) + "¥t" + String(v));
29    pp = p;
30    delay(10);
31  }
```

　これを実現させるためのスケッチをリスト13.5に示します。まず，center_angle 変数にレールが水平になるためのサーボモータの値を設定しています。次に，center_psd 変数に目標位置を設定しています。この値は13.1.3項（2）で読み取った値です。

　20行目で距離センサの値を読み取り，21行目で距離に直しています。22行目でその距離と目標とする位置の差を計算し，この値をもとにP制御を行います。

　23行目では1つ前の時刻の位置との差を計算しています。これにより，疑似的にピンポン玉の速度を計算し，この値をもとにD制御を行います。

　24行目で，pとdの2つの値から角度を算出しています。

　これを10ミリ秒おきに行っています。

　ここで，重要なのはpとdの係数である5と20です。この値を変更することでうまく制御できます。

まず p にかけている 5 の意味から説明します。これは比例制御に関する定数です。そのため，これは目標となる中央の位置からの距離を何倍して角度に換算するかを決めるための定数です。この値を大きくすると中心から離れているときにより角度を大きく傾けるようになります。

次に d にかけている 20 の意味を説明します。これは微分制御に関する定数です。そのため，これは速度を何倍して角度に換算するかを決めるための定数です。この値を大きくすると，速く転がっているときには角度を緩やかにするように傾け量を調整します。

この 2 つの定数を変えてピンポン玉が中心付近で止まるように設定してみましょう。値の設定は難しいため何度も試す必要があります。この設定によっては，レールがシーソーのように左右に大きく振れてしまうことがあります。

なお，このスケッチには積分制御が入っていません。そのため，必ずしも中心に止まるとは限らず，たいていの場合，設定した中央の位置から少しずれた位置に止まります。

13.4　【連携】深層強化学習で制御

いよいよ深層強化学習でボールアンドビームを制御します。
連携させるために以下の手順で説明します。
- 通信
- Arduino スケッチ
- Python スクリプト
- 実行

13.4.1　通信
連携させるためには 12 章と同様に以下の 2 種類の通信を用意します。
- 学習時に行われる動作指令を送って状態と報酬を返す通信
- 次の学習に入るための初期状態に戻す通信

（1）学習時の通信
Arduino からはピンポン玉の位置，速度，サーボモータの角度に相当する値，報酬の 4 つの値を送ります。報酬は 13.4.2 項で説明します。

それをもとにパソコンで学習して，サーボモータをどれだけどちらに回転させるかの指令を送ります。送る値は「0」〜「4」までの整数とします。これを図で表すと図 13.21 となります。

送信した値と角度に相当する値の差分の対応は表 13.1 となっていま

す。たとえば，現在のサーボモータの角度を決める値が1500であった場合，「0」が送られたら，現在の値から5を引いて1495へ変更することとなります。この対応表は実験時に変更することで，よりうまく球が止まる可能性があります。

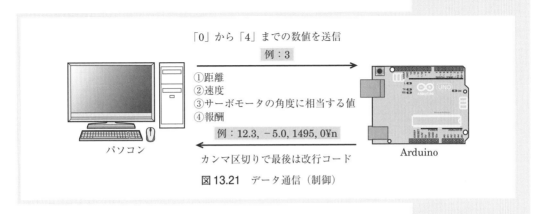

「0」から「4」までの数値を送信

例：3

①距離
②速度
③サーボモータの角度に相当する値
④報酬

例：12.3, −5.0, 1495, 0¥n

カンマ区切りで最後は改行コード

パソコン　　　　　　　　　　　　　　　　Arduino

図13.21　データ通信（制御）

表13.1　パソコンから送信した値と角度に相当する値の差分

送信した値	角度に相当する値の差分
0	−5
1	−1
2	0
3	1
4	5

（2）初期状態に戻すための通信

次の学習に入る前にピンポン玉の位置とレールの角度を初期位置に戻す必要があります。パソコンからは「a」という文字を送ることとします。Arduinoは「a」を受け取ったら初期状態に戻す動作を行い，完了したらArduinoからは「b」という文字を送ることとします。これを図で表すと図13.22となります。

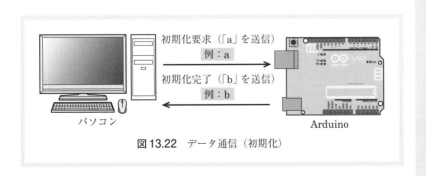

初期化要求（「a」を送信）

例：a

初期化完了（「b」を送信）

例：b

パソコン　　　　　　　　　　　　　Arduino

図13.22　データ通信（初期化）

13.4.2 スケッチ（Arduino）

パソコンからデータを受け取り，初期状態に戻したり，サーボモータ
を動かしてレールの角度を変えたりするスケッチをリスト 13.6 に示し
ます。

▶リスト 13.6◀ 深層強化学習によるボールアンドビームの制御（Arduino 用）：
DDQN_control.ino

```
1   #include <Servo.h>
2
3   Servo mServo;
4
5   int angle = 0;
6   int center_angle = 1600; // 平行になる角度
7   int max_angle = 60;
8   float reward = 0;
9   int count = -1;
10  float old_p;
11  boolean end_flag = false;
12
13  void setup() {
14    pinMode(LED_BUILTIN, OUTPUT);
15    mServo.attach(9);
16    Serial.begin(9600);
17    mServo.writeMicroseconds(center_angle);
18  }
19
20  void loop() {
21    if (Serial.available() > 0) { // データを受信したか
22      end_flag = false;
23      char c = Serial.read(); //1 文字受信
24      if (c == 'a') { // 初期化を表す文字「a」を受信したら
25        digitalWrite(LED_BUILTIN, HIGH); //LED 点灯
26        for (int a = angle; a < max_angle-30; a++) {
            // ゆっくり初期角度に戻す（一気に戻すとボールが飛んでいくことがある）
27          mServo.writeMicroseconds(a + center_angle);
28          delay(10);
29        }
30        delay(1000);
31        angle = max_angle-30;
32        for (int a = angle; a > 0; a--) {
            // ゆっくり初期角度に戻す（一気に戻すとボールが飛んでいくことがある）
33          mServo.writeMicroseconds(a + center_angle);
34          delay(10);
35        }
36        angle = 0;
37        delay(1000);
38        digitalWrite(LED_BUILTIN, LOW); //LED 消灯
39        Serial.println("b"); // 初期化完了を表す文字「b」を送信
40      }
41      else {
42        if (c == '0') { //「0」を受信したら
43          angle -= 5; // 角度を -5
```

```
44        }
45        else if (c == '1') { // 「1」を受信したら
46          angle -= 1; // 角度を-1
47        }
48        else if (c == '2') { // 「2」を受信したら
49          angle += 0; // 角度変更なし
50        }
51        else if (c == '3') { // 「3」を受信したら
52          angle += 1; // 角度を+1
53        }
54        else if (c == '4') { // 「4」を受信したら
55          angle += 5; // 角度を+5
56        }
57        if (angle < -max_angle) { // 角度が閾値を超えたら
58          angle = -max_angle;
59          end_flag = true; // 終了のためのtrueに
60        }
61        if (angle > max_angle) {
62          angle = max_angle;
63          end_flag = true;
64        }
65        mServo.writeMicroseconds(angle + center_angle);
66        count = 10;
67        old_p = 4000.0 / (analogRead(0) + 1);
68      }
69      reward = 0;
70    }
71    else {
72      int val = analogRead(1);
73      if (val > 550) // 報酬用センサの上にボールがあれば
74        reward += 1.0; // 報酬+1
75    }
76
77    if (count == 0) { //10回センサをチェックしたら角度更新
78      float p = 4000.0 / (analogRead(0) + 1);
79      if (end_flag == true)reward = -1;
80      Serial.println(String(p) + "," + String(old_p - p) + ","
            + String(angle) + "," + String(reward));
81      count = -1;
82    }
83    else if (count > 0) {
84      count--;
85    }
86    delay(1);
87  }
```

　まずは大まかな説明をします。送られた文字が初期化を開始するための文字「a」ならば，初期化を行い，初期化終了を伝えるために「b」という文字を送信します。一方，送られてきた文字が「0」〜「4」までの数字だった場合，その数字に合わせてレールの角度を変更します。そして Arduino は値を受信（図 13.23 の 0 ミリ秒のとき）した後は，サーボモータの角度に相当する値，ピンポン玉までの距離，速度，報酬をパ

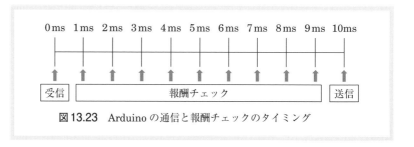

図13.23 Arduino の通信と報酬チェックのタイミング

ソコンに送信する 10 ミリ秒後まで，1 ミリ秒間隔で報酬用の距離セン
サの上を通ったかどうか調べて報酬があるかどうかを調べています。深
層強化学習では選択した行動をした結果，報酬が得られたかどうかが重
要となります。

それではスケッチの詳しい解説を行います。

まずは，何かしらの文字が送られてきたかどうか 21 行目で調べ，送
られてきている場合はその文字を受信します（23 行目）。

その文字が「a」ならば 24～40 行目で初期化を行います。いきなり
初期角度に戻すとピンポン玉が飛んだりしますので，少しずつ緩やかに
戻しています（26～29 行目）。初期角度に戻ってもピンポン玉が転がっ
て戻るまでに時間がかかりますので，1 秒（1000 ミリ秒）待ちます（30
行目）。その後，最大まで傾いていますので，水平になるように傾きを
ゆっくり戻します（32 ～ 35 行目）。その後，パソコンに「b」を送信し
て初期化が終了したことを伝えます（39 行目）。

一方，その文字が「0」～「4」ならば，42～56 行目で送られてきた文
字に相当する角度の差分を足しています[7]。そして角度が設定した値
を超えないようにしています（57～64 行目）。その角度になるように
65 行目でサーボモータを動かしています。

そして，count 変数を 10 とすること（66 行目）で 10 ミリ秒の間に
1 ミリ秒間隔で 10 回報酬をチェックするように設定します。

conut 変数が 0 になったとき，すなわち 10 ミリ秒経過したとき，パ
ソコンに位置と速度に相当する値（今の位置から以前の位置を引いた
値），サーボモータの角度，報酬の 4 つの値を送信しています（80 行
目）。このうち報酬以外の 3 つの値が深層強化学習の入力となります。

71～75 行目で報酬用のセンサの上にピンポン玉があるかどうかを調
べています。ピンポン玉が上にあれば報酬を表す reward 変数を 1 に変
えています。それに加えてピンポン玉がレールの端にあるときはマイナ
スの報酬を与えています（79 行目）。77～85 行目は送信までのカウン
トダウンを行っています。そして，count 変数が 0 となったとき（10 ミ
リ秒後）に距離センサの値，速度，サーボモータの角度に相当する値，
報酬をパソコンに送っています（80 行目）。

＊7　より細かく角度を変
更する方法は章末のコラム
で説明します。

13.4.3　スクリプト（パソコン）

　Arduino から受け取ったピンポン玉までの距離と速度，サーボモータ
の角度，報酬をもとにして，学習を行いながら，Arduino へサーボモー
タの角度の差分の指令を与えるスクリプトをリスト 13.7 に示します。

▶リスト 13.7◀　深層強化学習によるボールアンドビームの制御（Python 用）：
　　　　　　　　ball_and_beam.py

```
1   import tensorflow as tf
2   from tensorflow import keras
3   import numpy as np
4
5   from tf_agents.environments import py_environment, tf_py_environment,
        wrappers
6   from tf_agents.agents.dqn import dqn_agent
7   from tf_agents.networks import network, q_network
8   from tf_agents.replay_buffers import tf_uniform_replay_buffer
9   from tf_agents.policies import policy_saver
10  from tf_agents.trajectories import time_step as ts
11  from tf_agents.trajectories import trajectory
12  from tf_agents.specs import array_spec
13  from tf_agents.utils import common, nest_utils
14  from tf_agents.drivers import dynamic_step_driver
15  from tf_agents.specs import tensor_spec
16
17  import serial
18  import math
19  import time
20
21  ser = serial.Serial('COM5')   # ポートのオープン
22  time.sleep(5.0)   #Arduino の再起動待ち
23  # 環境の設定
24  class EnvironmentSimulator(py_environment.PyEnvironment):
25      # 初期化
26      def __init__(self):
27          super(EnvironmentSimulator,self).__init__()
28          # 状態の設定
29          self._observation_spec = array_spec.BoundedArraySpec(
30                  shape=(3,), dtype=np.float32,
31          )
32          # 行動の設定
33          self._action_spec = array_spec.BoundedArraySpec(
34                  shape=(), dtype=np.int32, minimum=0, maximum=4
35          )
36          # 状態を初期値に戻すための関数の呼び出し
37          self._reset()
38      # 状態のリストを戻す関数（この本では変更しない）
39      def observation_spec(self):
40          return self._observation_spec
41      # 行動のリストを戻す関数（この本では変更しない）
42      def action_spec(self):
43          return self._action_spec
44      # 状態を初期値に戻すための関数
```

```
45    def _reset(self):
46        ser.write(b'a')   # 初期化のために「a」を送信し
47        _ = ser.readline()   # 初期化終了を待つ
48        self._state = [ 0, 0, 0 ]   # 状態を初期値に
49        return ts.restart(np.array(self._state, dtype=np.float32))
50    # 行動の関数
51    def _step(self, action):
52        ser.write(str(action).encode('utf-8'))   # 行動の送信
53        observation = ser.readline()   # 状態と報酬の受信
54        observation = observation.rstrip().decode('utf-8').split(',')
55        self._state = [ float(observation[0]), float(observation[1]),
                float(observation[2]) ]
56        reward = float(observation[-1])
57        # 報酬によって戻り値を決める
58        if reward < 0:
59            return ts.termination(np.array(self._state,
                    dtype=np.float32), reward=reward)
60        else:
61            return ts.transition(np.array(self._state,
                    dtype=np.float32), reward=reward, discount=1)
62 # エージェントの設定
63 class MyQNetwork(network.Network):
64    # 初期化
65    def __init__(self, observation_spec, action_spec, name='QNetwork'):
66        q_network.validate_specs(action_spec, observation_spec)
67        n_action = action_spec.maximum - action_spec.minimum + 1
68        super(MyQNetwork,self).__init__(
69            input_tensor_spec=observation_spec,
70            state_spec=(),
71            name=name
72        )
73        # ネットワークの設定
74        self.model = keras.Sequential(
75            [
76                keras.layers.Dense(64, activation='tanh',
                    kernel_initializer='he_normal'),
77                keras.layers.Dense(64, activation='tanh',
                    kernel_initializer='he_normal'),
78                keras.layers.Dense(n_action),
79            ]
80        )
81    # モデルを戻す関数（この本ではほぼ変更しない）
82    def call(self, observation, step_type=None, network_state=(),
        training=True):
83        return self.model(observation, training=training),
            network_state
84 # メイン関数
85 def main():
86    # 環境の設定
87    env_py = EnvironmentSimulator()
88    env = tf_py_environment.TFPyEnvironment(
89        wrappers.TimeLimit(
90            env=env_py,
91            duration=1000 # 1エピソード中の行動の数
92        )
93    )
```

```
94    # ネットワークの設定
95    primary_network = MyQNetwork(
96        env.observation_spec(),
97        env.action_spec(),
98    )
99    # ネットワークの概要の出力（必要ない場合はコメントアウト）
100   #primary_network.build(input_shape=(None,
          *(env.observation_spec().shape)))
101   #primary_network.model.summary()
102   # エージェントの設定
103   n_step_update = 1
104   agent = dqn_agent.DdqnAgent(
105       env.time_step_spec(),
106       env.action_spec(),
107       q_network=primary_network,
108       optimizer=keras.optimizers.Adam(learning_rate=1e-3),
109       n_step_update=n_step_update,
110       epsilon_greedy=1.0,
111       target_update_tau=1.0,
112       target_update_period=100,
113       gamma=0.99,
114       td_errors_loss_fn = common.element_wise_squared_loss,
115       train_step_counter = tf.Variable(0)
116   )
117   # エージェントの初期化
118   agent.initialize()
119   agent.train = common.function(agent.train)
120   # エージェントの行動の設定（ポリシーの設定）
121   policy = agent.collect_policy
122   # データの記録の設定
123   replay_buffer = tf_uniform_replay_buffer.TFUniformReplayBuffer(
124       data_spec=agent.collect_data_spec,
125       batch_size=env.batch_size,
126       max_length=10**6
127   )
128   #TensorFlow学習用のオブジェクトへの整形
129   dataset = replay_buffer.as_dataset(
130       num_parallel_calls=3,
131       sample_batch_size=64,
132       num_steps=n_step_update+1
133   ).prefetch(3)
134   # データ形式の整形
135   iterator = iter(dataset)
136   #replay_buffer の自動更新の設定
137   driver = dynamic_step_driver.DynamicStepDriver(
138       env,
139       policy,
140       observers=[replay_buffer.add_batch],
141       num_steps=500
142   )
143   driver.run()
144   # 変数の設定
145   num_episodes = 100   # エピソードの回数
146   line_epsilon = np.linspace(start=0.6, stop=0.1, num=num_episodes)
147   # エピソードの繰り返し
```

```
148    for episode in range(num_episodes):
149        episode_rewards = 0  #1エピソード中の報酬の合計値の初期化
150        episode_average_loss = []  #平均lossの初期化
151
152        time_step = env.reset()  #エージェントの初期化
153        policy._epsilon = line_epsilon[episode-1] #ランダム行動の確率の設定
154
155        done = False
156        #設定した行動回数の繰り返し
157        t = 0
158        while True:
159            policy_step = policy.action( time_step )
                   #今の状態から次の行動の取得
160            next_time_step = env.step( policy_step.action )
                   #次の行動から次の状態の取得
161            #エピソードの保存
162            traj = trajectory.from_transition(time_step, policy_step,
                   next_time_step)
163            replay_buffer.add_batch(traj)
164
165            R = next_time_step.reward.numpy().tolist()[0]   #報酬
166            done = next_time_step.is_last() #終了?
167            #学習
168            experience, _ = next(iterator)
169            loss_info = agent.train(experience=experience)
170            #lossと報酬の計算
171            episode_average_loss.append(loss_info.loss.numpy())
                   #lossの計算
172            episode_rewards += R
173            #終了判定
174            if done:
175                break
176            elif next_time_step.is_last():
177                break
178            else:
179                time_step = next_time_step
180            t = t + 1
181        #行動終了後の情報の表示
182        print(f'Episode:{episode}, Rewards:{episode_rewards}, Done:
               {done}, Average Loss: {np.mean(episode_average_loss)},
               Current Epsilon: {policy._epsilon:.4f}')
183    #ポリシーの保存
184    tf_policy_saver = policy_saver.PolicySaver(policy=agent.policy)
185    tf_policy_saver.save(export_dir='policy')
186
187 if __name__ == '__main__':
188    main()
189
190 ser.close()
```

まずは大まかな説明をします。

Arduino へ初期化を開始するための文字「a」を env.reset 関数の中で送り，初期化終了を伝える文字を受信したら，動作しながら学習する深層強化学習をはじめます。まずは，サーボモータの角度の差分を与え，ピンポン玉までの距離とピンポン玉の速度に相当する値，サーボモータの角度[*8]，報酬を受信します。その情報をもとにした学習を500ステップ行います。500ステップを1エピソードとし，それを100エピソード繰り返します。

それではスクリプトの詳しい解説を行います。

まず，環境を決めるための EnvironmentSimulator クラス（24〜61行目）の説明を行います。

26〜37行目の __init__ メソッド内で入力の数と出力の数を決めています。入力はピンポン玉までの距離とピンポン玉の速度に相当する値，サーボモータの角度の3つの値ですので，shape=(3,) としています。出力は1つの値で，最小値が0，最大値が4として設定しています。そして，_reset 関数を呼び出して初期化をしています。

45〜49行目の _reset 関数は初期化をしています。46行目の ser.write 関数で初期化のための「a」を送信し，47行目の ser.readline 関数で Arduino からの初期化を終了したことを表す返信を待っています。48行目で状態をすべて0として，49行目で状態を表す変数を戻り値として戻しています。

51〜61行目の _step 関数は行動をして状態を返す関数です。52行目の ser.write 関数で行動を表す「0」〜「4」までの文字を Arduino へ送り，53行目の ser.readline 関数で Arduino からのデータを受信しています。受信データはカンマ区切りテキストですので，カンマで分けて4つの変数としています。そして，ピンポン玉までの距離と速度，サーボモータの角度は state 変数へ，報酬は reward 変数へ代入しています。報酬の正負で戻り値が異なります。まず報酬が負の場合は，ts.termination 関数で状態を表す変数を作成して戻り値としています。一方，報酬がある場合は，ts.transition 関数を用いて戻り値を作成しています。

次に，エージェントの行動を決めるためネットワークの設定をする MyQNetwork（63〜83行目）の説明を行います。

65〜80行目の __init__ メソッドでは入力と出力の設定（66，67行目）を行っています。そして，74〜80行目でネットワークの設定を行っています。中間層として2層の Dense 層を用いています。この Dense 層は2つ重要な設定があります。

*8　より細かく角度を変更する方法は章末のコラムで説明します。

活性化関数として tanh（ハイパボリックタンジェント）を設定　これ
までは活性化関数に ReLU 関数を用いてきましたが，ここでは tanh
を用いています。深層強化学習ではマイナス値が重要な働きをする場
合があります。たとえば，速度は正負でボールの移動方向を表してい
ます。ReLU 関数を用いた場合，負の値を無視するような学習が行わ
れることが多くあることがわかっています。負の値が重要な場合は
tanh 関数を使うことをお勧めします。

パラメータの初期値として he_normal を設定　これまではパラメータ
の初期値はランダムな値を用いていましたが，深層強化学習だと学習
に時間がかかりすぎてうまく学習が進まないことが知られています。
そこで，このスクリプトでは，平均 0，標準偏差を stddev = sqrt(2/
入力ユニット数) とする切断正規分布に基づいてパラメータの初期値
を設定しています。

　main 関数の中ではまず各種の設定を行い（85〜146 行目），その後，
エージェントを行動させて学習を行っています（148〜182 行目）。な
お，この処理は 3 章で説明した手順とほぼ同様です。

　まず，各種の設定について簡単に説明します。87〜93 行目で
TFPyEnvironment クラスのオブジェクトを作成し，95〜98 行目で
MyQNetwork クラスのオブジェクトを作成しています。104〜116 行
目でエージェントが DDQN（ダブルディープ Q ネットワーク）で学習
するための設定を行っています。なお，103 行目で n_step_update 変数
を設定してます。これは，109 行目のエージェントの設定だけでなく，
replay_buffer の設定（132 行目）にも必要な値であるためです。

　118，119 行目でエージェントの初期化と学習の設定を行っています。

　121 行目ではエージェントのポリシーとして collect_policy を設定し
ています。

　123〜143 行目では replay_buffer に関する設定をしています。

　そして，146 行目で ε-greedy 法のランダムな行動を選ぶための確率
の設定を行っています。

　次に，学習の部分の説明を行います。

　148 行目の for 文はエピソードの繰り返しを行うために用いられてい
ます。エピソードがはじまると，初期化が行われます。152 行目の time_
step = env.reset() で状態の初期化が行われ，現在の状態が time_step に
代入されます。

　158 行目の while 文は 1 エピソード中の行動の繰り返しを行うために
用いられています。これは次の順で処理が行われています。終了条件は
91 行目で duration に設定した 1000 回の繰り返し終了時となります。

　while 文の中を 1 文ずつ説明します。

① policy.action 関数（159 行目）：現在の状況から次の行動を決定しています。

② env.step 関数（160 行目）：行動をして，次の状態を得ています。

③ trajectory.from_transition 関数（162 行目）：今回の動作と状態をセットにして traj 変数に代入しています。

④ replay_buffer.add_batch 関数（163 行目）：traj 変数を replay_buffer に追加しています。

⑤ R = … の部分（165 行目）：今回得られた報酬を代入しています。

⑥ done = … の部分（166 行目）：次の状態があるかどうかを調べています。

⑦ experience, _ = … の部分（168 行目）：一連の行動を取り出しています。

⑧ agent.train 関数（169 行目）：取り出した一連の行動をもとに学習しています。

⑨ episode_average_loss.append 関数（171 行目）：loss 計算のための処理を行っています。

⑩ episode_rewards += R … の部分（172 行目）：1 回のエピソードで得られた報酬の合計を計算しています。

⑪ if 文（174 行目）：シミュレーションが終了していれば break 文で while 文から抜けます。

⑫ elif 文（176 行目）：91 行目で設定した回数の行動が終了していれば break 文で while 文から抜けます。

⑬ else 文（178 行目）：終了でなければ，time_step = next_time_step として次の状態を現在の状態に代入して更新します。

そして，1 つエピソードが終わるたびに報酬，終了の有無，平均 loss，現在の ε 値（ε-greedy 法で用いる確率）を表示しています。

エピソードがすべて終わると，184，185 行目でポリシーを保存しています。

13.4.4　実行

実行には 100 エピソードで 3 時間程度かかりました。

センサの精度や工作精度，パソコンとの通信の速さなどから，完全に止めることはなかなか実現できません。しかし，図 13.24 に示すような「惜しい」とか図 13.25 のような「頑張っている」と思ってしまうような動作は何度も見られます。

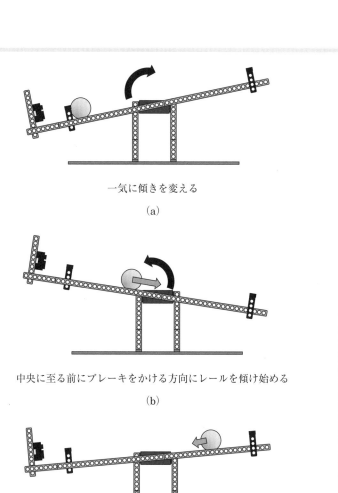

一気に傾きを変える

(a)

中央に至る前にブレーキをかける方向にレールを傾け始める

(b)

間に合わず行き過ぎるが，ストッパーに当たる前に戻ってくる

(c)

図 13.24　惜しい動作

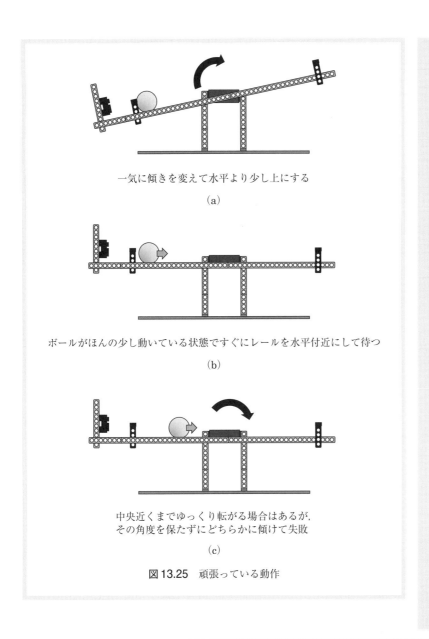

一気に傾きを変えて水平より少し上にする

(a)

ボールがほんの少し動いている状態ですぐにレールを水平付近にして待つ

(b)

中央近くまでゆっくり転がる場合はあるが，
その角度を保たずにどちらかに傾けて失敗

(c)

図 13.25 頑張っている動作

13.5 シミュレーションによる動作

　本章の実験にはかなりの時間がかかるだけでなく，作成した実験機材の状態などにより，うまく動かないこともあります。そこで，図 13.26 に示す画面が表示されるシミュレーションのスクリプトを作成して実験する方法を説明します。このシミュレーションでは以下の 3 つが行えます。

　操作シミュレーション：キーボード入力でレールの傾きを変えてボールを操作（13.5.2 項）

　制御シミュレーション：PD 制御でボールを中央に止める（13.5.3 項）

深層強化学習シミュレーション：深層強化学習でボールを中央に止める（13.5.4項）

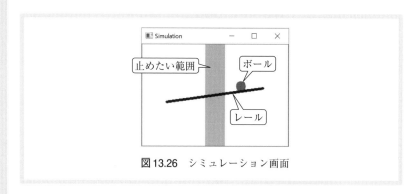

図 13.26　シミュレーション画面

13.5.1　シミュレーションの概要

　本節で作成するシミュレーションの概要について説明します。実行すると図 13.26 が表示されます。灰色の丸がボール，黒い横線がレールを表しています。図 13.26 のようにレールが傾いているとボールが左側に移動していきます。そして，「q」を入力するとシミュレーションが終了します。また，中央の縦に伸びる灰色の背景の範囲は深層強化学習で報酬が得られる範囲です。

　このシミュレーションの目的は「操作」，「制御」，「深層強化学習」の3つの方法でボールを中央に止めることです。そこで説明を簡単にするために，ボールの転がり運動はモデル化せずに，レールの上を摩擦なく滑るものとしてモデル化を行います。これにより，レールの角度とボールに働く力は図 13.27 のようになります。さらに，レールを動かすときにも本来ならば運動モデルを立てる必要があるのですが，ここでは単純に角度を変更できるものとしています。

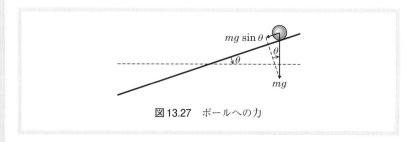

図 13.27　ボールへの力

　また，シミュレーションを簡単にするため，オイラー法により次の時刻の速度と位置を求めます。

　たとえば，図 13.27 のときの速度と位置をそれぞれ $v(t)$ と $x(t)$ とすると，次の時刻（dt 時間後）の速度 $v(t+1)$ と位置 $x(t+1)$ は次のように計算しています。なお，$\theta(t)$ はレールの角度，m はボールの重

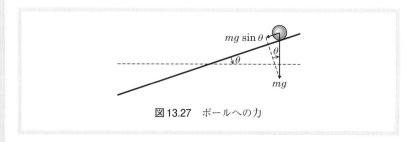

さ，g は重力加速度を示しています。

$$v(t+1) = v(t) + g\sin(\theta(t))\,dt$$
$$x(t+1) = x(t) + v(t+1)\,dt$$

なお，レールの端にボールが来た場合，中央から離れる方向の速度を0とすることで，あたかもレールの端にストッパーがあるように止まるようにしています。

13.5.2 操作シミュレーション

キーボード入力によりリアルタイムにレールの角度を操作できるシミュレーションを作成します。ここでは「a」を入力すると左側が上がり，「s」を入力すると右側が上がるようにします。うまく操作すると図13.28のようにボールが中央に止まります。

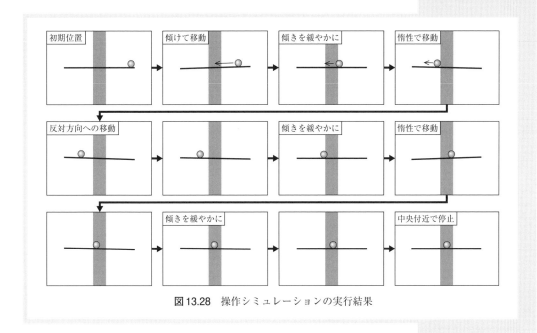

図13.28 操作シミュレーションの実行結果

操作シミュレーションのスクリプトをリスト13.8に示します。

このスクリプトをもとにして，制御シミュレーションと深層強化学習シミュレーションを作ります。そこで，まずは操作シミュレーションの説明をしておきます[*9]。

まず，7〜15行目で各種パラメータの設定を行っています。

次に，17行目から下は無限ループとなっています。19〜26行目でボールの位置の更新を行っています。この更新は13.5.1項で説明したオイラー法を用いて行っています。

28〜37行目はボールやレールの描画を行っています。

39〜50行目でキー入力を調べて，それに従ってレールの角度の更新

を行っています。「Esc」キーが押されたとき（41行目）はcv2.destroy
AllWindows関数でウインドウを閉じてからbreak文で無限ループを抜
けてスクリプトを終了しています。「a」キーが押されたとき（45行目）
は角度の増分となるds変数に0.01を代入することでレールを時計回り
に回転させています。「s」キーが押されたとき（47行目）は-0.01を
代入して反対方向に回転させています。そして，50行目で角度の更新
を行っています。

▶リスト13.8◀ 操作シミュレーション（Python用）：sim_Manual_control.py

```
1   import time
2   import cv2
3   import math
4
5   def main():
6       # パラメータの設定
7       width = 300   # ウインドウのサイズ（横）
8       height = 200   # ウインドウのサイズ（縦）
9       max_length = 100   # 棒の半分の長さ（左右に max_length 伸ばすため）
10      dt = 0.1   # 時間刻み
11      gravity = 9.80665   # 重力加速度
12      s = 0.0   # レールの角度
13      r = 10.0   # ボールの半径
14      v = 0.0   # ボールの速度
15      x = max_length-10   # ボールの位置（初期位置は右の方に配置）
16      # シミュレーション開始
17      while True:   # 無限のループ
18          # ボールの位置の更新
19          costheta = math.cos(s)
20          sintheta = math.sin(s)
21          v = v + (gravity * sintheta) * dt
22          if x<-max_length and v<0:
23              v = 0.0
24          if x>max_length and v>0:
25              v = 0.0
26          x = x + v * dt
27          # 描画の設定
28          img = cv2.imread('300x200.bmp', flags=cv2.IMREAD_GRAYSCALE)
29          y = height/ 2 + x*math.tan(s)-r/costheta
30          x1 = width / 2 + max_length * costheta
31          y1 = height / 2 + max_length * sintheta
32          x2 = width / 2 - max_length * costheta
33          y2 = height / 2 - max_length * sintheta
34          cv2.rectangle(img, (int(width / 2-20), int(0)),
                  (int(width / 2+20), int(height)), 198, -1)
35          cv2.circle(img, (int(x+width/2), int(y)), int(r), 127, -1)
36          cv2.line(img, (int(x1), int(y1)), (int(x2), int(y2)), 32, 4)
37          cv2.imshow('Simulation', img)
38          # キー入力の処理
39          ds = 0.0
40          k = cv2.waitKey(10)
41          if k==27: # 「Esc」キーが押されたら終了
```

```
42              cv2.destroyAllWindows()
43              t = -1
44              break
45          elif k==97:  # 「a」キーが押されたら
46              ds = 0.01 # 左が上がる
47          elif k==115: # 「s」キーが押されたら
48              ds = -0.01 # 右が上がる
49          # 角度の更新
50          s = s + ds
51
52  if __name__ == '__main__':
53      main()
```

13.5.3　制御シミュレーション

　次に，制御シミュレーションの説明を行います。実行すると図 13.28
と同様の動作が**自動的**に行われて中央付近にボールが止まります。実行
を終了するには「Esc」キーを入力します。なお，実行するたびにボー
ルの位置が変わります。

　制御シミュレーションのスクリプトをリスト 13.9 に示します。この
スクリプトはリスト 13.8 とほぼ同じです。そこで，異なる点だけ載せ
ました。

　まず，毎回ボールを違う位置にするため 6 行目に示すように x の値を
np.random.randint で -max_length から max_length の間でランダム
に設定しています。無限ループの中の異なる点は，角度の更新の方法で
す。リスト 13.8 で用いていたキー入力により角度を更新する部分を削除
しました。角度の更新は 18 行目に示すように位置と速度に定数（0.001
と 0.0004）をかけたものとしました。この定数の設定の仕方でうまく動
作したりしなかったりします。

　実行すると自動的に中央付近にボールが停止します。なお，I 制御（積
分制御）が入っていないため中央にぴったり止まらないことがあります。

▶リスト 13.9◀　制御シミュレーション（Python 用）：sim_PD_control.py

```
1   (ライブラリ：リスト 13.8 と同じ)
2
3   def main():
4
5   (変数の設定：ボールの初期値以外リスト 13.8 と同じ)
6       x = np.random.randint(-max_length,max_length) # ボールの初期位置をランダムに
7       # シミュレーション開始
8       while True: # 無限のループ
9       (ボールの位置の更新：リスト 13.8 と同じ)
10      (描画の設定：リスト 13.8 と同じ)
11          # キー入力の処理
12          k = cv2.waitKey(10)
13          if k==27:    # 「Esc」キーが押されたら終了
```

```
14          cv2.destroyAllWindows()
15          t = -1
16          break
17      # 角度の更新
18      s = -x*0.001-v*0.0004
19  （以下リスト13.8と同じ）
```

13.5.4　深層強化学習シミュレーション

*10　10ステップおきに図13.29のアニメーションが表示されます。これは，毎回表示すると学習に時間がかかるためです。

いよいよ，深層強化学習シミュレーションの説明を行います[10]。実行すると図13.29が表示され，自動的にレールの傾きを変えます。深層強化学習は何度も試行を繰り返しながら学習していく方法ですので，シ

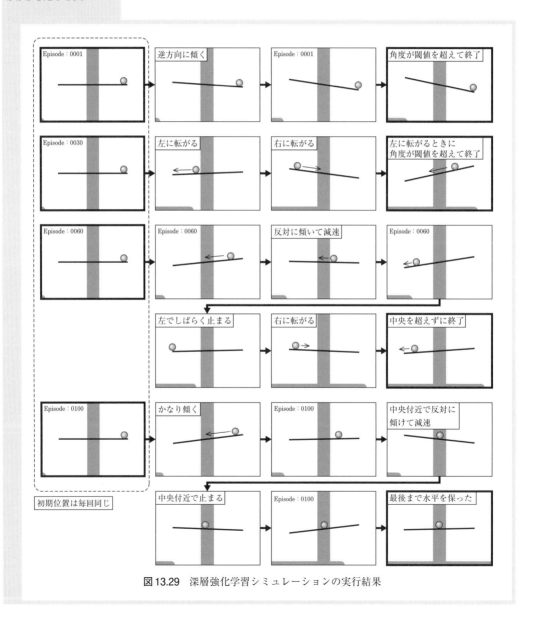

図13.29　深層強化学習シミュレーションの実行結果

ミュレーションでは以下の2つの条件のどちらかが満たされると初期位
置に戻って新たなシミュレーションがはじまるようにしました。

- レールが一定以上傾く
- 設定したステップ数だけ動作する

　深層強化学習のシミュレーションのスクリプトをリスト13.10に示し
ます。このスクリプトの深層強化学習のネットワークの部分と設定の部
分はリスト13.7と同じですので省略しました。また，ボールの移動と
表示の部分はリスト13.8と同じです。

▶リスト13.10◀　深層強化学習シミュレーション（Python用）：sim_DDQN_control.py

```
1    (ライブラリ：リスト13.7と同じ)
2
3    import cv2
4    import math
5    import random
6    # 毎回同じ結果にするための設定
7    #seed = 1
8    #random.seed(seed)
9    #np.random.seed(seed)
10   #tf.random.set_seed(seed)
11
12   (変数の初期化：リスト13.8と同じ)
13   theta_threshold_radians = 24 * math.pi / 360   # 24度以上レールが傾いたら終了
14   # 環境の設定
15   class EnvironmentSimulator(py_environment.PyEnvironment):
16
17       def __init__(self):
18   (リスト13.7と同じ)
19       def observation_spec(self):
20   (リスト13.7と同じ)
21       def action_spec(self):
22   (リスト13.7と同じ)
23       def _reset(self):
24           s = 0.01   # 初期角度（右に少しだけ傾いている）
25           x = max_length - 10   # 初期位置（レールの右の方に配置）
26           v = 0.0   # 速度0
27           self._state = [ x, v, s ]
28           return ts.restart(np.array(self._state, dtype=np.float32))
29       # 行動の関数
30       def _step(self, action):
31           x, v, s = self._state   # 状態をx, v, sの変数に代入
32   (ボールの位置の更新：リスト13.8と同じ)
33           # 角度の更新
34           if action == 0:   # 行動が0なら
35               ds = 0.01   # +0.01度傾ける
36           elif action == 1:   # 行動が1なら
37               ds = -0.01   # -0.01度傾ける
38           elif action == 2:   # 行動が2なら
39               ds = 0.0   # 変化させない
40           elif action == 3:   # 行動が3なら
```

```
41              ds = -0.002    # -0.002 度傾ける
42          elif action == 4:   # 行動が 4 なら
43              ds = +0.002    # +0.002 度傾ける
44          s = s + ds   # 角度の更新
45          done = s < -theta_threshold_radians or s >
                theta_threshold_radians    # 角度が閾値を超えたか？
46          self._state = [ x, v, s ]    # 位置，速度，角度を状態に代入
47          # 報酬によって戻り値を決める
48          reward = 0.0
49          if not done:
50              if x > -20 and x < 20:    # 中心付近なら報酬を 1
51                  reward = 1.0
52              return ts.transition(np.array(self._state,
                    dtype=np.float32), reward=reward, discount-1)
53          else:   # 角度が閾値を超えていたら終了
54              return ts.termination(np.array(self._state,
                    dtype=np.float32), reward=reward)
55      # 描画
56      def render_env(self, episode, t, max_number_of_steps):
57          x, v, s = self._state
58          costheta = math.cos(s)
59          sintheta = math.sin(s)
60          # キー入力の処理
61          k = cv2.waitKey(10)
62          if k == 113:  # 「q」キーが押されたら終了
63              cv2.destroyAllWindows()
64              return False
65          (描画の設定：リスト 13.8 と同じ)
66          return True
67  # エージェントの設定
68  class MyQNetwork(network.Network):
69  (リスト 13.7 と同じ)
70  # メイン関数
71  def main():
72      # 環境の設定
73      env_py = EnvironmentSimulator()
74      env = tf_py_environment.TFPyEnvironment(
75          wrappers.TimeLimit(
76              env=env_py,
77              duration=1000    # 1 エピソードで行われる行動の数
78          )
79      )
80  (設定：リスト 13.7 と同じ)
81      # 変数の設定
82      num_episodes = 100   # エピソード数
83      line_epsilon = np.linspace(start=0.6, stop=0.1, num=num_episodes)
84      max_number_of_steps = 1000
85      # エピソードの繰り返し
86      for episode in range(1,num_episodes+1):
87  (変数の初期化：リスト 13.7 と同じ)
88          # 設定した行動回数の繰り返し
89          t = 0
90          while True:
91              if episode%10 == 0:  # 10 回に 1 回描画することでシミュレーションの高速化
```

```
92        render_flag = env_py.render_env(episode, t,
              max_number_of_steps)
93        if not render_flag:
94            break
95
96  (学習手順：リスト 13.7 と同じ)
97            # 行動終了後の情報の表示
98            print(f'Episode:{episode}, Steps:{t+1}, Rewards:{episode_
              rewards}, Done:{done}, Average Loss:{np.mean(episode_
              average_loss):.6f}, Current Epsilon:{policy._epsilon:.6f}')
99
100 (ポリシーの保存：リスト 13.7 と同じ)
101
102 if __name__ == '__main__':
103     main()
```

まず，各種パラメータの設定を行っています。リスト 13.8 と異なるのは，13 行目の theta_threshold_radians 変数でレールの傾きの範囲を設定している点です。

7〜10 行目のコメントアウトしてある部分は初期値を毎回同じにするための設定です。筆者の環境ではこの設定をすると図 13.29 のシミュレーションが毎回行われました[11]。

*11 ライブラリのバージョンなどの影響で，この初期値にしても本書と同じシミュレーションにならないこともあります。

次に，ボールの挙動は EnvironmentSimulator クラスの _step メソッドで設定します。31 行目で状態（ボールの位置 x，ボールの速度 v，レールの角度 s の 3 値[12]）を取り出しています。ボールの位置の更新はリスト 13.8 と同じです。レールの角度は 34〜44 行目で更新しています。深層強化学習で得られた行動が 0 ならば角度の増分を 0.01 といった具合に行動 0〜4 までの各値に対する増分を決めます。44 行目で角度を更新します。そして，45 行目で角度が閾値を超えたら done を false として角度が範囲外になったことを戻すことで，閾値を超えたらすぐにエピソードを終わらせるようにしています。これにより，シミュレーションの時間の短縮と効率的な学習ができます。

*12 ボールの位置とレールの角度の 2 値だけの場合はうまく動作しないことが多くありました。

48〜54 行目で報酬と戻り値の設定をしています。まず，49 行目で角度が閾値を超えたかどうかを調べています。角度が閾値を超えている場合は 54 行目の ts.termination 関数で戻り値を作成することで，エピソードの終了を行います。閾値を超えてない場合は，50 行目の if 文で灰色の中央部に入っているかどうかを調べています。中央部にある場合 reward 変数に 1 を設定しています。シミュレーションがまだ続くので ts.transition 関数で戻り値を作成しています。

main 関数の中でシミュレーションを行ってボールを移動させながら学習しています。

86 行目以降は設定したエピソードの回数だけ繰り返すループになります。

90 行目以降は 1 回のエピソードで動作するループになります。

91 行目の if 文でパソコン上にシミュレーション画面を表示する間隔を設定しています。このスクリプトは 10 エピソードおきにシミュレーションの動作が表示されます。表示には時間がかかるため，このようにすることで，シミュレーションの時間を早めています。なお，この if 文中の %10 を %1 とすることで毎回表示されるようになります。

この後は深層強化学習の定番の動作です。これはリスト 13.7 と同じです。

実行するとコンソールに以下が表示されます。左からエピソード数，終了するまでのステップ数，報酬の合計値と続きます。終了したときのステップ数とは，角度が閾値を超えたときのステップ数です。また，うまく操作が行われると角度が閾値を超えない場合があります。その場合は 1 エピソード中の最大のステップ数である 1000 となります。ここでは見やすくするために，この 3 値のみを示していますが，実際にシミュレーションを行ったときには誤差などの値が続きます。

```
>python sim_DDQN_control.py
Episode:1, Steps:135, Rewards:0.0
Episode:2, Steps:267, Rewards:0.0
Episode:3, Steps:1000, Rewards:0.0
（中略）
Episode:30, Steps:839, Rewards:85.0
（中略）
Episode:60, Steps:1000, Rewards:47.0
（中略）
Episode:99, Steps:1000, Rewards:887.0
Episode:100, Steps:1000, Rewards:908.0
```

図 13.29 には 4 つのエピソードの実行結果の画面を並べています。この挙動について図とコンソールに表示された値を合わせながら説明します。なお，このシミュレーションでは初期位置はいつも同じです。

まず，1 エピソード目に着目します。これは図 13.29 の一番上の結果です。ゆっくりレールの左側が上がり，ボールが右側にずっとあります。角度の閾値を超えたため，エピソードが終了しました。中央付近を通らなかったため，報酬の合計は 0 です。

次に，30 エピソード目に着目します。これは同図の上から 2 番目の結果です。最初に右側が上がり，中央付近を通り，左側にボールが移動します。その後，反対側が上がり，ボールが右に移動します。もう一度右側が上がりますが，角度の閾値を超えたため，エピソードが終了しました。2 回中央付近を通ったため，報酬の合計値が 85 となりました。

60 エピソード目は同図の上から 3 番目の動作が行われます。最初に左側まで移動するのは同じです。その後，少しだけ左が上がり，ボール

が右に移動しますが，中央付近に到達する前に左側が下がり，また左に戻ってしまいます。これを繰り返しているうちに設定したステップ数が経過してエピソードが終了しました。1回しか中央付近を通らなかったため，報酬の合計は47でした。

最後に，100エピソード目に着目します。これは同図の上から4番目の結果です。最初に大きく右側が上がり，かなりの速さでボールが転がります。中央付近にボールが来ると，反対側が上がり，減速します。うまく中央付近で減速し，その後は左右に揺れながら灰色の部分から出ないようにボールを保持し続けます。

実験ではうまくいかないこともありますので，シミュレーションでも試していただくと理解が深まると思います。

コラム　角度変更を細かく行う

実機では5つの行動として，−5，−1，0，+1，+5として角度を変更しました。より細かく角度を変更するようにプログラムを変えると，滑らかに動きます。ここでは，−5，−1，0，+1，+5，−2，+2として7つの行動をするように変更します。

スケッチ（リスト13.6）の変更　56行目と57行目の間に以下を追加します。

```
else if (c == '5') {  // 「5」を受信したら
  angle -= 2;  // 角度を-2
}
else if (c == '6') {  // 「6」を受信したら
  angle += 2;  // 角度を+2
}
```

スクリプト（リスト13.7）の変更　34行目のmaximum=4の部分を以下に変更します。

```
self._action_spec = array_spec.BoundedArraySpec(
        shape=(), dtype=np.int32, minimum=0, maximum=6
)
```

Arduino と電子パーツの購入

　まずは，Arduino を購入する必要がありますね。そのほかにも工作をするときには電子パーツが必要になります。筆者がよく使うお店を紹介しておきます。

秋月電子通商（http://akizukidenshi.com/） 電子工作に必要な部品がだいたいそろいます。
千石電商（http://www.sengoku.co.jp/） よく使う部品が豊富で，店舗では Arduino 関連品が多くあります。
マルツパーツ館（http://www.marutsu.co.jp/） 定番の部品から変わった部品までとにかくたくさんあります。
共立エレショップ（http://eleshop.jp/） 部品だけでなく電子工作キットも充実しています。
若松通商（http://www.wakamatsu-net.com/biz/） ほかでは手に入りにくい変わった部品も扱っています。
スイッチサイエンス（http://www.switch-science.com/） Arduino やその関連品の品ぞろえが豊富です。
タミヤショップオンライン（http://tamiyashop.jp/） タミヤの工作パーツが手に入ります。
ヨドバシカメラオンラインショップ（https://www.yodobashi.com/） すべてではありませんが，スイッチサイエンスや共立プロダクツの商品やタミヤの工作パーツが手に入ります。Arduino も購入できます。
Amazon（https://www.amazon.co.jp/） ありとあらゆるものが売っています。紹介した商品の型番違いなどが多くありますので購入時は注意してください。

付録 B　パーツリスト

部品名	型番	4:5	5:1	5:2	5:3	5:4	5:5	5:6	5:7	5:8	5:9	#	#	#	最大必要数	秋	千	マ	共	若	ス	ヨ	A	タ
Arduino Uno R3		1						1	1	1	1	1	1	1	1	◎	○	○	○	○	○	○	○	
抵抗 220 Ω		1						1	1	1					1	○	○	○	○	○	△		○	
抵抗 1 kΩ				1	1			1	1	1					1	◎	○	○	○	○	△		○	
ボリューム 10 kΩ					1	1		5	5	5					5	◎	○	○	○	○	△		○	
押しボタンスイッチ					1			6	6	1	1	1		2	6	◎	○	○	○	○			○	
LED			1	1				5	5	5		1			7	◎	○	○	○	○	△		○	
フォトリフレクタ	RPR-220							1	1						1	○	○		○				○	
距離センサー	GP2Y0A21YK											1		2	2	◎					○		○	
3軸加速度センサー	KXM52-2050										1				1	◎								
サーボモーター(高トルク)	FS5115M											1	1		1	◎								
サーボモーター	SG-90					1				1	1				1	◎		○			◎		○	
DCジャック DIP化キット						1				1	1				1	○		○	○				○	
ACアダプター (5 V)						1				1	1	1			1	◎	○	○	○	○	○		○	
ユニバーサルアームセット	70183											1			1			○	○	○			○	○
ユニバーサルプレート(2枚セット)	70157									1	1	1			1	○	○	○	○	○	○	○	○	○
ロングユニバーサルアームセット	70184									1	1	1			1		○	○	○	○		○	○	○
USBカメラ	UCAM-C0220FBBK									1	1	1			1							○	○	○

凡例：秋：秋月電子通商，千：千石電商，マ：マルツパーツ館，共：共立エレショップ，若：若松通商，ス：スイッチサイエンス，ヨ：ヨドバシカメラ，
A：Amazon，タ：タミヤオンラインショップ
◎：筆者が購入した店舗，○：販売を確認した店舗

235

索引

【著者紹介】

牧野浩二（まきの・こうじ）　博士（工学）

　学　歴　東京工業大学大学院理工学研究科機械制御システム専攻　修了
　職　歴　株式会社本田技術研究所　研究員
　　　　　財団法人高度情報科学技術研究機構　研究員
　　　　　東京工科大学コンピュータサイエンス学部　助教
　　　　　山梨大学大学院医学工学総合研究部工学域　助教
　現　在　山梨大学大学院総合研究部工学域　准教授
　　　　　これまでに地球シミュレータを使用してナノカーボンの研究を行い，Arduino
　　　　　やLEGOを使ったロボットの授業や研究を行った。マイコンからスーパーコン
　　　　　ピュータまでさまざまなプログラム経験を持つ。最近は深層学習に興味を持ち，
　　　　　深層学習とマイコンを連携させたフィジカルコンピューティングを行っている。
　【主な著書】
　　　　　『たのしくできる Arduino 電子工作』東京電機大学出版局，2012
　　　　　『たのしくできる Arduino 電子制御』東京電機大学出版局，2015
　　　　　『データサイエンス教本』共著，オーム社，2018
　　　　　「Interface」『人工知能アルゴリズム探検隊』連載，CQ 出版社，2015 ～ 2021
　　　　　他多数

西﨑博光（にしざき・ひろみつ）　　博士（工学）

　学　歴　豊橋技術科学大学大学院工学研究科博士課程電子・情報工学専攻　修了
　職　歴　山梨大学大学院医学工学総合研究部　助手
　　　　　国立台湾大学電機情報学院　客員研究員
　現　在　山梨大学大学院総合研究部工学域　准教授
　　　　　主に，音声言語情報処理の研究に取り組んでおり，特に，音声認識（リアルタ
　　　　　イム音声認識システム，雑音を含む音声の音声認識）や環境音認識，音声対話
　　　　　の研究に従事している。近年では，深層学習を用いた文字認識や生体情報処理，
　　　　　スマート農業にも興味を持ち，さまざまなメディアに対する知能情報処理の研
　　　　　究も行っている。
　【主な著書】
　　　　　『算数＆ラズパイから始めるディープ・ラーニング』共著，CQ 出版社，2018
　　　　　『Python による深層強化学習』共著，オーム社，2018
　　　　　『たのしくできる深層学習＆深層強化学習による電子工作　Chainer 編』共著，
　　　　　東京電機大学出版局，2020
　　　　　他多数

たのしくできる
深層学習＆深層強化学習による電子工作　TensorFlow 編

2021 年 6 月 20 日　第 1 版 1 刷発行　　　　　　　　　ISBN 978-4-501-33440-6 C3055

著　者　牧野浩二・西﨑博光
　　　　© Makino Kohji, Nishizaki Hiromitsu 2021

発行所　学校法人 東京電機大学　　　　　〒120-8551　東京都足立区千住旭町 5 番
　　　　東京電機大学出版局　　　　　　　Tel. 03-5284-5386（営業）03-5284-5385（編集）
　　　　　　　　　　　　　　　　　　　　Fax. 03-5284-5387　　振替口座 00160-5-71715
　　　　　　　　　　　　　　　　　　　　https://www.tdupress.jp/

組版：㈲新生社　　印刷：㈱ルナテック　　製本：誠製本㈱　　装丁：大貫伸樹
落丁・乱丁本はお取り替えいたします。　　　　　　　　　　　　Printed in Japan

MPU関連書籍

H8マイコン入門

堀桂太郎 著　　　　A5判・208頁

2進数の計算やマイコンの基本概念から簡単なH8のアセンブラプログラムを解説する。H8マイコンの入門者だけでなく，マイコンを初めて扱う人でもH8マイコンが理解できる。

H8アセンブラ入門

浅川毅・堀桂太郎 著　A5判・224頁

H8マイコンについて，動作原理や2進数の取扱いから各種の命令までを，マイコンのアセンブラプログラミングが初めての人でも理解できるように説明する。すべての命令についてわかりやすく解説。

図解
Z80マイコン応用システム入門
ハード編　第2版

柏谷英一・佐野羊介・中村陽一・
若島正敏 著　　　　A5判・308頁

MPUの基礎から実際のシステム例，ハードウェア開発までわかりやすく解説。初学者が興味を持てるよう，簡単な相撲ロボットの製作方法も掲載。

図解
Z80マイコン応用システム入門
ソフト編　第2版

柏谷英一・佐野羊介・中村陽一 著
A5判・256頁

初学者を対象にMPUの基礎や動作，アセンブリ言語，プログラム作成ついて解説。Windows上でのプログラム開発からROM化まで，この1冊で理解できる。

Z80アセンブラ入門

堀桂太郎・浅川毅 著　A5判・224頁

初めてZ80について学ぶ人を対象にしたアセンブラ言語の入門書。2進数の扱いやマイコンの基本構成など，基礎からわかりやすく説明する。Z80のすべての命令について明快に解説。

PICアセンブラ入門

浅川毅 著　　　　　A5判・184頁

PICを使って，アセンブラプログラミングの基礎を解説。初学者でも理解できるようにマイコンの基本構成や2進数の取扱いなどをわかりやすく説明する。アセンブラプログラミングのコツをつかめる。

C言語による
PICプログラミング入門

浅川毅 著　　　　　A5判・192頁

PICマイコンのC言語によるプログラミングの基礎をわかりやすく解説。2進数や16進数などのデータ表現や，C言語の基礎も掲載。実例も丁寧に説明し，この1冊でマイコンを動かせる。

1ランク上の
PICマイコンプログラミング
シミュレータとデバッガの活用法

高田直人 著　　　　B5判・232頁

MPLABとPICkit3で構成されるインサーキットデバッガを活用したプログラムを解説する。シミュレータ機能とデバッガ機能の併用により，プログラム開発段階における強力なツールを手にできる。

＊定価，図書目録のお問い合わせ・ご要望は出版局までお願いいたします。
URL　https://www.tdupress.jp/